U0181396

航天资源规划与调度

空天资源智能任务规划方法

Remote sensing resources intelligent mission planning method

王原 邢立宁 李豪 程适 杨敬辉 陈立栋 著

清华大学出版社
北 京

内 容 简 介

本书重点关注空天资源协同问题中的空天资源任务分配和空天资源任务规划两部分，并以无人机集群和成像卫星协同为背景进行了研究。其中，空天资源任务分配是指在考虑成像卫星资源和无人机资源不同转换约束条件下，对不同类型的对地观测任务进行分解和分配。空天资源任务规划则是对成像卫星资源和无人机资源的任务规划（包括路径规划）进行了分别的建模和求解。因此，本问题可以看作一类典型的双层优化问题。本书对这上述任务分配和任务规划问题进行了建模分析、算法设计和实验分析，所研究的问题可推广至性质相似的组合优化问题及无人机集群控制问题上。

本书适合航天工程实践、运筹学、管理科学与工程等相关领域的科研人员、工程技术人员阅读，也可作为高等院校相关专业高年级本科生、研究生及高校教师的参考用书。

图书在版编目（CIP）数据

空天资源智能任务规划方法 / 王原等著.—北京：清华大学出版社，2022.12
（航天资源规划与调度）
ISBN 978-7-302-62258-1

Ⅰ．①空… Ⅱ．①王… Ⅲ．①智能技术–应用–航天–资源–规划–研究 Ⅳ．①V4-39

中国版本图书馆 CIP 数据核字（2022）第 231538 号

责任编辑：陈凯仁
封面设计：刘艳芝
责任校对：薄军霞
责任印制：曹婉颖

出版发行：清华大学出版社
  网　　　址：http://www.tup.com.cn, http://www.wqbook.com
  地　　　址：北京清华大学学研大厦 A 座　　　　邮　　编：100084
  社 总 机：010-83470000　　　　　　　　　　　邮　　购：010-62786544
  投稿与读者服务：010-62776969，c-service@tup.tsinghua.edu.cn
  质量反馈：010-62772015，zhiliang@tup.tsinghua.edu.cn
印 装 者：天津鑫丰华印务有限公司
经　　销：全国新华书店
开　　本：170mm×240mm　　印　张：11.5　　字　数：214 千字
版　　次：2022 年 12 月第 1 版　　　　　印　次：2022 年 12 月第 1 次印刷
定　　价：59.00 元

产品编号：094659-01

《航天资源规划与调度》编辑委员会

（2021年7月）

丛书序言

F O R E W O R D

2021 年 9 月 15 日，习近平总书记在驻陕西部队某基地视察调研时强调，太空资产是国家战略资产，要管好用好，更要保护好。人造地球卫星作为重要的太空资产，已经成为获取天基信息的主要平台，天基信息是大国博弈制胜的利器之一，也是各科技强国竞相角力的主战场之一。随着"高分辨率对地观测系统""第三代北斗卫星导航系统"等国家重大专项工程建设及民营、商业航天产业的蓬勃发展，我国卫星呈"爆炸式"增长，为社会、经济、国防等重要领域提供了及时、精准的天基信息保障。

另外，受卫星测控站地理位置限制，我国卫星普遍存在的入境时间短、测控资源紧缺等问题日益突出；突发自然灾害、军事斗争准备等情况下的卫星应急响应已成为新常态；随着微电子、小卫星等技术的快速发展，卫星集成度越来越高、功能越来越多，卫星已具备一定的自主感知、自主规划、自主协同、自主决策能力，传统地面离线任务规划模式已无法适应大规模多功能星座发展和协同、高时效运用的新形势。这些问题都对卫星管控提出了新的更高要求。在此现状下，为应对飞速增长的卫星规模、有限的管控资源和应急响应的新要求，以现代运筹学和计算科学为基础的航天资源调度技术起到至关重要的作用，是保障卫星完成多样化任务、高效运行的关键。

近年来，在诸多学者与航天从业人员的推动下，航天资源调度技术取得了丰富的研究成果，在我国"北斗""高分""高景"等系列卫星为代表的航天资源调度系统中得到长期的实践与发展。目前，国内已出版了多部航天领域相关专著，但面向近年来发展起来的敏捷卫星调度、大规模多星协同、空天地资源协同调度、自主卫星在线调度等新问题，仍然缺乏详细和系统的研究和介绍。本套丛书涵盖航天资源调度引擎、基于精确算法的航天资源调度、基于启发式算法的航天资源调度、空天地资源协同调度、航天影像产品定价、面向应急救援的航天资源调度、航天资源调度典型应用等众多内容，力求丰富航天资源调度领域前沿研究成果。

　　本套丛书已有数册基本成形，也有数册正在撰写之中。相信在不久以后会有不少新著作出现，使航天资源调度领域呈现一片欣欣向荣、繁花似锦的局面，这正是丛书编委会的殷切希望。

丛书编委会

2021 年 7 月

前言

PREFACE

  当代，国民生活对空天信息的需求越来越大，对各类空天信息获取的时效性、综合性、复杂性要求越来越突出。尤其在响应国土资源测绘、防灾减灾、应急搜救等典型需求时，通常需要多类卫星或无人机等资源在复杂的任务条件下互相配合，共同完成一个或多个复杂需求。同时，空天信息的用户开始呈现下沉趋势，具体表现在用户对空天信息获取的工作流程熟悉程度下降，用户中非专家用户的比例上升。这就要求空天资源调配和控制系统能够充分理解用户的使命级需求，并在系统内现有资源的条件下，精准匹配用户需求，快速给出合理的空天资源分配和调度方案。

  本书所述方法旨在帮助空天资源管控系统有效理解用户需求，结合系统内当前资源情况，快速给出合理的任务分配和资源调度方案。另外，在任务分配和资源调度方案基础上，结合不同类型资源的实际应用场景，针对不同类型资源的使用特点进行方案的智能优化。

  本书将该问题划分为以下四个阶段：空天任务-资源匹配阶段、空天任务协同分配阶段、天基任务规划阶段、空基任务规划阶段。其中，空天任务-资源匹配阶段结合系统内现有资源的情况，以及空天信息用户的信息需求，生成对应的空天任务清单-空天资源匹配方案。空天任务分配阶段则在前一阶段产生的空天任务清单-空天资源匹配方案的基础上，结合系统内不同资源的特点和任务执行需求，对空天任务进行合理分配。天基任务规划阶段在空天任务协同分配方案和基础上，针对天基任务执行资源的使用特征，对天基任务执行方案进行优化。空基任务规划阶段则针对空天任务分配方案中的空基任务，在多目标优化方法和仿真实验的基础上，给出空基资源控制系统优化策略，辅助空基资源任务执行。本书的主要内容包括：

  （1）针对空天资源-任务匹配阶段的具体问题，结合当前空天资源-任务匹配阶段对于处理速度和处理精度的需求，研发了基于深度学习的资源-任务智能化匹配技术。该技术首先采用图神经网络对空天资源分配问题进行了建模和特征提取，然后采用深度学习方法对图神经网络的输出结果进行了求解。最后，设计仿真实验对基于深度学习的资源-任务智能化匹配技术的效能进行了验证。

（2）针对空天任务协同分配阶段中包含的具体问题，结合空天任务协同分配阶段对于分配结果的鲁棒性要求，研发了面向空天资源的任务智能化分配技术。该技术首先总结了空天任务分配问题的特征，并以此为基础将空天任务分配问题建模为一类特殊的周期车辆路径问题。然后，设计一种基于改进蚁群算法和模拟退火算法相结合的优化算法，对该问题进行了求解。最后，设计仿真实验对面向空天资源的任务智能化分配技术的效能进行了验证。

（3）针对天基任务规划阶段的具体问题，结合天基资源任务规划问题中关于任务可用执行时长的优化需求，提出了基于蚁群优化的天基资源任务智能规划技术。该技术首先总结了天基资源任务规划问题中的核心要素，并将该问题抽象为一类特殊的带时间窗车辆路径问题。然后，设计相应的改进多目标多蚁群算法对该问题进行了求解。最后，设计仿真实验对基于蚁群优化的天基资源任务智能规划技术的效能进行了验证。

（4）考虑空基任务规划阶段中的具体问题，结合空基任务规划阶段中的控制模型优化问题，提出了基于演化计算的空基资源任务智能规划技术。该策略首先提出了一种具有灵活性和可扩展性的空基资源控制模型，然后以此模型为基础提出了基于智能优化和仿真的空基资源控制模型优化方法。最后，设计相应的仿真场景和实验对该优化方法及控制模型的效能进行了验证。

本书的出版得到了如下基金项目资助：国家自然科学基金（71901213）、广东省自然科学基金（2019A1515011648）、湖南省自然科学基金面上项目（2022JJ30671），在此表示感谢。

作　者
2022 年 7 月

目录

C O N T E N T S

第1章

绪　论

1.1　研究背景及意义

1.1.1　研究背景

随着空间军事化和军事空间化的迅猛发展，空间已成为当今维护国家安全和利益的战略制高点。未来战争将呈现陆、海、空、天、电（磁）、网络一体化联合作战的特点，实践证明，天基信息的利用不仅影响着联合作战的样式，而且也改变着联合作战的进程，据统计，美军在近几场局部战争中，70% 以上的通信任务，80% 以上的侦察任务，90% 以上的导航定位任务，100% 的气象预报任务，都借助空天信息系统来完成。可以说，空天信息在实战中的应用，已经成为现代战争中提升部队作战能力的重要手段。

另外，空天信息在提高国民生活水平方面，也起着举足轻重的作用。例如，2013年 4 月 20 日，四川雅安发生 7.0 级地震。在地震发生后，科研人员采用包括受灾区域遥感卫星数据（数据来源主要为 SPOT 系列卫星及 LANDSAT 系列卫星等）、无人机及遥感飞机数据等灾区遥感数据，对灾区的受灾情况进行了判读[1]。该批数据对灾区的灾情评估和抗震救灾计划定制具有重要意义。

随着空天信息需求的日益增长，空天信息系统的规模也在逐年扩大。图 1.1显示了我国空天信息系统的扩张趋势。

一般而言，空天信息系统主要包括两个重要组成部分：天基信息系统和空基信息系统。其中，天基信息系统是包括遥感、通信、导航、电磁等多种类型的卫星组成的信息获取系统；空基信息系统则主要包括以无人机、飞艇等平台组成的空基信息获取系统。在空天信息系统中，天基信息系统由于其信息收集范围广、信息获取效率高的特性，通常用于大范围信息采集；而空基系统由于其部署灵活、受环境效应影响较小的特征，通常用于对天基信息系统无法获取或者信息更新要求较快的需求进行补充侦察。图 1.2 展示了一个概念化的空天信息系统及主要组成部分。

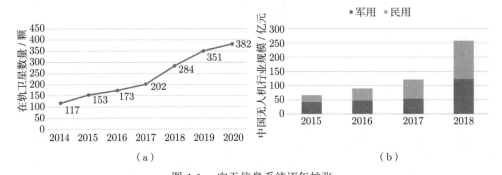

图 1.1　空天信息系统逐年扩张

（a）我国在轨卫星数量增长趋势；（b）我国无人机市场规模增长趋势

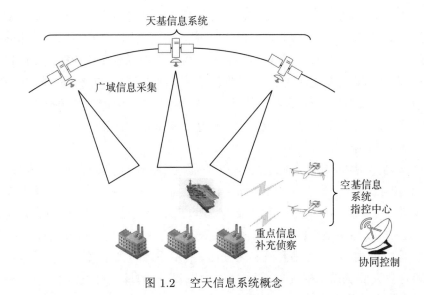

图 1.2　空天信息系统概念

本书的主要关注点是成像卫星（imaging satellite）和自组织蜂群无人机（self-organized swarm robotics）的协同任务规划问题。其中，成像卫星是任务的执行主体，主要进行广域信息采集；蜂群无人机则作为任务执行的补充，重点关注任务序列中的重要任务和成像卫星无法全部覆盖的侦察任务。

然而，由于我国的空天信息系统在开发过程中存在如时间基准不统一、任务标准和规划流程具有显著的个体化倾向等特点，导致不同系统之间的信息获取和传递存在困难。通常空天信息的获取和传输只能通过"任务提交—产品分发"的方式进行，任务规划和执行链条过长，时间消耗大，协同困难，无法满足强时效性任务对于信息时效性的要求。同时，由于各系统之间运行相对独立，因此缺乏针对典型任务和对应任务场景的协同任务规划方法。另外，由于缺乏统一的协同任务规划机制，难以形成空天信息系统和用户方之间的紧密关联。最后，目前的空天信息系统操作对于系统用户方的专业知识水平要求较高，因而无法充分满足日益扩张的空天信息需求市场上非专家用户的使用需求。因此，需要针对空天资源任务规划问题的特点，建立空天资源协同任务规划方法。

本书所面向的主要问题，是针对包括空基资源和天基资源在内的多类型遥感资源，设计统一化的任务规划框架。该框架应能够实现用户使命级需求理解—任务自主化分配—多平台任务规划的一体化空天资源任务规划方案。该机制能够解决多类型用户（包括专家用户和非专家用户）对空天信息系统的需求，自主化实现"需求—资源匹配""任务自主分配""多平台任务方案规划"等多项功能，最终实现提升空天信息系统使用效能的目标。

本书涉及的主要科学问题如下：

1.1.1.1 空天资源及任务的选择问题

实现空天资源协同联动，共同执行复杂空天信息获取任务的前提，是结合当前空天任务需求、空天任务清单以及系统内已有资源，快速筛选出符合当前需求的空天任务清单和对应的空天任务执行资源。该问题的主要难点在于：满足当前空天信息需求的空天任务清单以及与之对应的空天任务执行资源数量较多，各任务清单以及相应资源满足空天信息需求的方式以及达成的目标效果各不相同。在有限的时间内针对任务清单和任务资源进行快速筛选，在短时间内搜索到合适的任务清单和相应的任务执行资源，同时能够给出不同任务清单和任务执行资源组合的评估，是一项具有挑战性的任务。

1.1.1.2 空天任务的协同分配问题

实现空天资源协同任务规划的第二个难点，是在已有的空天资源任务清单和与之匹配的空天任务执行资源的基础上，快速地将空天任务清单中的行动分配到不同的任务执行资源上，最终形成合理的空天任务协同分配方案。传统的任务调度是在已有任务行动序列的前提下，寻找合理的资源调配方案以使任务可行，通常调度的目标是使用资源最少或完成动作时间最短等。由于在空天信息采集的过程中，环境存在较大的不确定性，因此本书在考虑传统的资源调度问题的目标上，还需要额外考虑任务的鲁棒性调度问题。如何将空天资源抽象为更高层次的一般性描述，同时结合空天信息采集任务的主要特征，设计相应的空天资源协同分配方案，是本书的另一研究重点。

1.1.1.3　规划方案的智能优化问题

实现空天资源协同任务规划的第三个难点，是在已有空天资源任务分配方案的条件下，针对天基资源任务规划方案和空基资源任务规划方案进行优化，最终达到合理利用空天资源，提升系统利用率的目的。由于本书涉及空基和天基两种不同类型的空天资源，且各资源任务规划的内容和形式存在较大差异，因此有必要针对两种不同类型的资源分别设计任务规划方法。因此，针对空基和天基资源的不同任务执行方式，结合对应的空天资源任务分配方案，进行系统内的规划方案优化，最终达到提升空天信息系统任务效能的目的，是本书的第三个研究重点。

1.1.2　研究意义

本书的主要研究意义包括理论意义和实践意义，下面对它们分别进行介绍。

1.1.2.1　理论意义

（1）对 NP-hard 类型的优化问题的理论研究具有重要意义。本书将空天资源任务规划问题建模为四个不同的组合优化问题，并分别进行了求解，其求解过程对于 NP-hard 类问题的求解具有借鉴意义。

（2）对智能优化方法的研究具有一定的借鉴意义。本书采用多种不同类型的智能优化算法对空天资源任务规划的四个主要问题进行了求解，并针对蚁群算法、遗传算法、进化算法、机器学习方法等多种不同的智能优化算法的求解效能分别进行了测试，明确了不同算法的优劣性。因此，本书的结果对智能优化算法的研究具有一定的借鉴意义。

1.1.2.2　实践意义

（1）提出了针对空天资源任务规划的通用方案。本书提出了一类针对空天资源任务规划问题的通用解决方案。该方案首先对空天资源与用户需求进行了对应的匹配，然后在匹配方案的基础上对空天资源任务进行了分配。最后，基于天基和空基不同的资源类型，分别进行了任务执行方案的优化，最终形成了完整的空天资源任务规划方案。本书提出的求解方案对未来空天资源管控系统的建设具有一定的借鉴意义。

（2）对该方案中的不同阶段分别设计相应的算法进行求解，并明确了不同方法的优劣。针对空天资源任务规划问题的四个阶段，本书分别提出了不同的优化方法对各阶段中出现的主要科学问题进行了求解，同时，明确了各阶段对应科学问题的主要特征，以及对应的优化算法设计和处理方式，并针对不同类型的优化算法的求解效能分别进行了验证测试。因此，本书对未来同类问题的优化方案设计具有一定的指导意义。

1.2 国内外研究现状

针对空天资源任务规划问题的相关研究，可以划分为以下三类：① 针对空天资源联合任务规划问题的建模及求解；② 针对天基资源的独立建模及求解；③ 针对空基资源的独立建模及求解。本书从以上三个方面入手，分别介绍这三类研究的前沿成果及可能存在的不足。另外，空天资源任务规划问题存在求解空间大、求解时效性要求高等特点。在求解空天资源任务规划问题时，研究者多采用智能优化算法对相关问题模型进行求解。因此，本节还针对本书中所设计的智能优化算法给出必要的介绍。最终，结合当前研究现状和本书的问题特征，给出了研究现状总结以及研究必要性分析。

1.2.1 空天资源任务规划问题

近年来，天基信息系统和空基信息系统快速扩张，对空天资源协同任务规划的需求也日益增加。其中，天基信息系统在信息采集的过程中，具有感知范围大、不受地形限制的优势；而与此相对地，其也存在受运行轨道制约较大、分辨率相对较低、受天气影响显著的劣势。空基信息系统则有部署灵活、分辨率高、受天气影响小的特点；而同时也具有受航程限制、受地形制约明显的劣势。因此，采用空天资源进行协同观测，解决复杂的空天信息采集任务，已经成为目前的主流趋势。

针对空天资源协同规划问题，国内外研究者进行了大量的研究。下面主要介绍其中具有影响力的研究。

1.2.1.1 实践研究

（1）SensorWeb

SensorWeb 是由美国国家航空航天局（National Aeronautics ans Space Administration，NASA）提出的基于异构传感器互联和传感器资源共享的重要概念。该概念最早出现于文献 [2]。SensorWeb 将系统能调度的全部资源均建模为抽象的传感器，并允许通过"用户发布任务—规划器任务调度—资源执行任务"的方式，进行跨平台任务调度。图 1.3 展示了 SensorWeb 的概念。

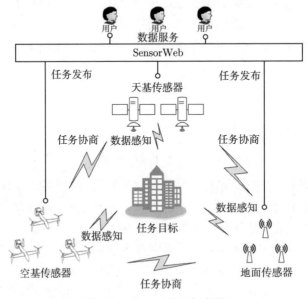

图 1.3　SensorWeb 概念图

开放地理空间信息联盟（Open Geospatial Consortium, OGC）在 SensorWeb 基础上，提出了标准化的多平台传感器网络整合框架（SensorWeb enablement, SWE）标准 [3-4]。该研究的主要目的在于构建"即插即用""底层透明"式的传感器信息共享网络。在该网络中，用户通过服务的方式获取传感器的基本能力信息，并能够自行判断观测请求的可行性。同时，该框架提供了传感器之间互操作（如任务的增加、删除、修改等）的基本功能。

在此基础上，研究者针对 SensorWeb 中的多传感器任务协同规划问题进行了大量研究。Tsatsoulis 等[5] 提出了一种基于 SensorWeb 的多传感器联合任务规划方案。在该方案中，作者提出了一种基于辨证式协商（argumentation-based negotiation）的任务分配方案。该方案首先将每个参与任务分配的传感器均建模为一个智能体（agent）。每个智能体能够根据协商结果选择加入不同的 SensorWeb 以完成不同的任务。该方法为经典的基于合同网的任务分配方法的扩展，并取得了比基于合同网的任务分配方法更好的分配结果。

Mekni 和 Graniero[6] 采用多智能体地理模拟（multi-agent geosimulation）技术对 SensorWeb 中的任务分配和 SensorWeb 管理问题进行了求解。该框架能够考虑地理环境信息对 SeosorWeb 中的传感器的任务执行效率的影响，并对分布式复杂传感器系统中的任务进行管理。该技术被应用于一项水资源监测项目中并证明了该方法在传感器任务管理中的有效性。

（2）地球观测-1 计划

地球观测-1（earth observation 1, EO-1）是美国国家航空航天局提出的新千年计划（new millennium program, NMP）中的重要组成部分。地球观测-1 卫星在项目开始之初，主要是为了进行单星水平的星上自主任务规划和资源调度实验。在其生涯后期，针对地球观测-1 卫星的自主实验逐渐转向针对空天多资源联合观测的自主任务规划实验。该等级被称为 R5 级别自主[7]。R5 级别自主和以往的 R4 级别自主的不同之处在于，R5 级别自主能够通过经验的学习对科学任务的执行产生更高等级的预见性。具体而言，在 R5 级别自主中，卫星应能够根据以往的数据经验，判断不同观测任务在未来可能的发生情况，从而根据不同类别任务执行的可能收益，自主调整任务的执行序列和执行顺序。

在文献 [8] 和文献 [9] 中作者提出，地球观测-1 项目作为自主卫星任务规划的先驱，已经能够完成根据星上数据反馈的小规模多平台联合任务规划（其协同对象包括天基平台的 LandSat 系列卫星和基于地面系统的 SensorWeb 传感器网络等）。在该类任务中，地球观测-1 卫星已逐渐由以往的单星自主向多传感器联合任务规划问题发展，而其任务规划方式也从经典的单星自主任务规划向多星多任务联合规划发展。图 1.4 展示了地球观测-1 卫星的星上自主任务规划概念流程。

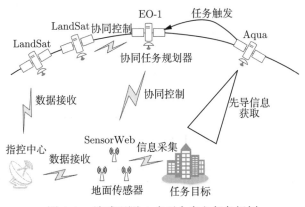

图 1.4　地球观测-1 多平台自主任务规划

1.2.1.2　理论研究

针对空天资源协同任务规划中出现的理论问题，同样涌现了一批丰富的研究成果。本书将面向空天资源的协同任务规划问题划分为三类，并分别对相关研究进行综述：

（1）基于多智能体理论的协同任务规划

基于多智能体（multi-agent, MA）的任务规划方法将任务规划中能够独立运作的个体建模为不同类型的智能体，每个智能体拥有与其属性和能力相关的概念模型、求解方法和效能指标。系统中的多个智能体通过合理的协商实现共同决策。基于多智能体理论的协同任务规划方法如图 1.5 所示，它主要包括以下几种。

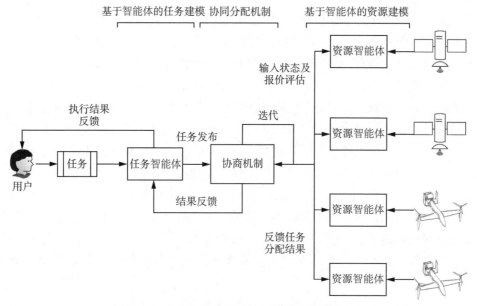

图 1.5　基于多智能体理论的任务协同规划

文献 [10] 和文献 [11] 提出采用协同者（coordinator）和子规划者（sub-planner）模型解决空天平台任务规划问题。在该模型中，由协同者向子规划者提出协同要求，并根据自身需求特征和子规划者之间的匹配度，对子规划者的规划方案进行排序，最终产生可行的任务分配方案。

余婧[12] 在研究成像卫星和飞艇的对地观测任务特点的基础上，提出了基于合同网机制的飞艇和成像卫星联合对地观测协同任务规划方法。在该方法中，卫星和飞艇在接收到任务后，分别调用自身的可行性分析功能对任务的可行性进行分析，并结合任务的属性对不同类型的任务进行投标。本书考虑的任务类型包括周期性观测、常规观测需求以及时效优先观测需求三类。

李军[13] 提出基于市场模型的异构多智能体协同任务规划方法。在该方法中，系统中的每个空天资源被建模为一个独立的资源智能体，每个空天信息任务被建模为一个任务智能体。任务智能体和资源智能体通过三阶段市场协商机制进行协商，其中，资源智能体以最大化系统收益为目标进行协商和出价，任务智能体则根据系统状态和各资源智能体提交的任务分配方案调整报酬分配比例，最终通过迭代确定任务和资源之间的分配关系。该方法在模拟算例上能够显著提升空天信息系统整体的资源获取能力。

伍国华、王慧林、裴新宇等[14-16] 提出了基于多智能体理论的异构对地观测平台协同任务规划方法。该方法将异构对地观测平台建模为一个松耦合的多智能体系统，通过设计基于改进模拟退火方法的多智能体任务分配策略对该问题进行了求解。该问题的研究对象包括无人机、飞艇、成像卫星等。本书同样涉及了在动态性任务环境下针对扰动的处理机制。

（2）基于优化理论的协同任务规划方法

基于优化理论的协同任务规划方法通常将协同任务规划问题建模为一类数学问题，并采用运筹学中的最优化方法对规划问题进行求解。基于优化理论的协同任务规划方法如图 1.6 所示，对它的主要研究如下。

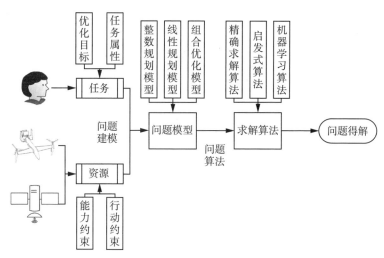

图 1.6　基于优化理论的协同任务规划方法

Robinson[17] 提出了一类基于优化理论的空天资源协同任务规划方法。他首先针对空天协同任务规划模型提出了一种整数规划模型，该模型主要考虑了观测收益和观测优先级两类不同收益。然后采用 CPLEX 对该整数规划模型进行了求解。需要指出的是，该方法不直接产生传统意义上的任务规划方案，而是产生任务在不同的空天资源系统之间的分配方案，后续的调度过程由各系统自行完成。在本书的后续研究[18] 中，作者将空天协同任务规划中的不确定性纳入考量范围，并采用基于线性规划的方法对空天协同任务规划中的不确定性进行了建模。

梁星星[19] 采用基于优化理论的协同任务规划方法求解了一类无人驾驶飞行器（unmanned aerial vehicle，UAV）和卫星协同的海上移动目标跟踪问题。在该研究中，他首先分析了 UAV 和卫星观测方式的主要特征。在此基础上，提出了基于多旅行商问题（multi-travelling salesman problem，mTSP）模型的观测路径求解方式，对该类问题进行了求解。

杜永浩等[20] 采用基于优化理论的协同任务规划方法解决了一类天临空协同任务规划的海上移动目标跟踪问题。在该研究中，他们首先建立了统一化的观测路径决策模型，并明确了包括监视率、覆盖率、跟踪率在内的多种不同的收益函数。在此基础上，设计了基于并行竞争模因算法的自适应求解方法，对该问题进行了求解。

（3）基于约束推理的协同任务规划方法

基于约束推理的协同任务规划求解方法将空天任务规划问题转化为一系列基于时间线的约束满足问题。该类方法一般首先将任务进行分解，产生能够被对应的任务资源执行的一系列基本动作。然后通过将动作分配到不同资源的对应时间线并解决潜在的行动冲突构建可行任务规划。在基于约束推理的协同任务规划方法中一般包含三个核心要素：问题领域模型、行动序列搜索机制、约束处理机制。基于约束推理的协同任务规划方法如图 1.7 所示，其主要包括如下几种。

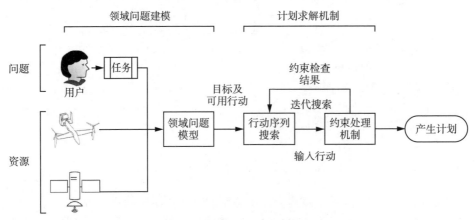

图 1.7   基于约束推理机制的协同任务规划方法

欧洲航天局（European Space Agency，ESA）和意大利国立研究中心（Italian National Research Council，INRC）联合研究了先进规划和调度方案系统（advanced planning and scheduling initiative，APSI）。该系统主要致力于解决空天信息系统中基于时间线的任务规划和资源调度问题。该方案的核心是将调度问题转化为基于时间线、状态转移和资源消耗的约束满足问题，通过基于状态转移的推理方式以及基于时间线的约束检查来进行任务规划和资源调度。该系统的概念流程如图 1.8 所示。

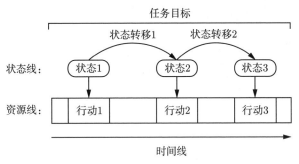

图 1.8　APSI 系统规划概念流程

文献 [21] 指出，采用 APSI 系统进行空天资源任务规划，有利于提高系统资源的使用效能。文献 [22] 给出了 APSI 系统工作的详细流程如下：首先在 APSI 中，定义一个领域问题目标（goal）。然后，根据目标搜索当前求解器中存在的动作（action）。通过执行和目标直接相关的动作，能够实现目标向新的状态（state）的转移。其中，每个动作的执行都必须添加到一个确定的时间线（timeline）上。在动作添加到时间线的过程中，可能存在错误（flaw），这是由于在动作添加的过程中可能存在资源状态不满足、行动和目标不相关等原因。求解器通过逐步（solving step）移除时间线上的错误，最终构建一个合理的任务执行方案。

廉振宇、谭跃进等 [23-24] 介绍了一种航天器通用任务求解框架。在该框架中，他们采用了一种基于智能优化方法、时间网络以及资源约束检查的通用化任务求解框架。该框架首先将复杂任务经由任务模板分解为基本动作（action）。然后，采用智能优化算法对动作序列进行分解、排序和活动空间搜索。最后，底层算法采用基于时间线的约束管理机制，将排序后的动作基于时间线进行排序，从而解决了任务资源调度的问题。该基本构架如图 1.9 所示。

该框架将不再对具体的任务和执行资源（如卫星和传感器网等）作出区分，而是将其全部建模为具有特殊资源能力和行动约束的资源以及对应的具有更高的抽象程度的行动集合，从而最终实现了对异构资源的统一规划和处理。该框架主要能够处理的约束包括时序约束、时间约束和资源的容量约束等。该决策引擎的主要缺点是在任务数量或资源数量较多时，需要采用人工干预的方式提高任务的执行率。

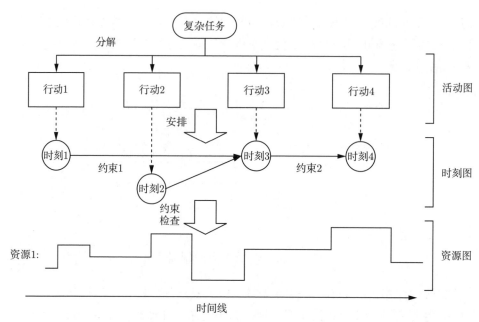

图 1.9   航天器通用任务规划求解框架

1.2.2   天基资源任务规划问题

随着空天信息系统的快速扩张，针对天基资源任务规划问题的研究成为空天资源任务规划研究领域的重点。天基资源任务规划问题的研究通常被划分为单星任务规划问题研究、多星集中式任务规划问题研究和多星分布式任务规划问题研究三个阶段。下面介绍针对天基资源任务规划问题的重要研究。

1.2.2.1   单星任务规划方法

自动调度和规划系统（automated scheduling and planning environment，AS-PEN）[25-26] 是目前已知最早的提出单星星上自主任务规划概念的系统。ASPEN及其后继者——连续活动调度、规划、执行和重规划（continuous activity scheduling planning execution and replanning，CASPER）系统[27] 采用基于迭代修复（iterative repair）的技术对地球观测-1 卫星的星上自主任务规划问题进行求解。该技术本质上是一类约束推理规划方法的扩展。在该方法中，卫星可执行动作被按顺序添加到各对应资源的时间线上，若当前动作会导致资源占用的冲突，则通过包括移动任务、删除任务、添加能够增加存在冲突的资源的其他任务等方法尝试对冲突进行修复。在该阶段，任务规划的主要目标是解决单星的星上任务排序和行动序列生成问题。一个典型的 ASPEN 任务规划概念流程如图 1.10 所示。

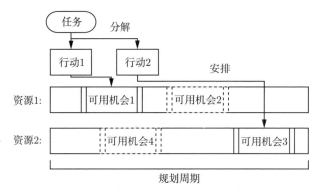

图 1.10　地球观测-1 卫星的星上自主任务规划流程

1.2.2.2　多星集中式任务规划方法

随着天基信息系统的扩张和卫星组网协同能力的增强，天基资源任务规划问题开始逐步发展为面向多颗卫星的协同任务规划问题。

Cordeau 和 Laporte[28] 针对法国的 PLEIADES 卫星系统的任务规划问题建立了仅求解单星单轨任务规划的简化模型。在该工作的基础上，Bianchessi 等[29] 将该问题扩展为多星多轨道集中任务规划问题。在该问题中，卫星能够执行的任务包括点目标任务和区域目标任务，该规划问题的收益构成包括用户的任务优先级和系统任务总可用时间，主要优化目标为全部用户的总收益最大。文献 [29] 将该问题建模为一个三阶段的优化问题，在问题的第一阶段主要解决规划的总收益最大化问题；在问题的第二阶段解决每个用户能够使用的系统时间问题；在问题的第三阶段，系统的剩余可用时间被分配给全部用户，以求系统总收益的最大化。该文献采用基于禁忌搜索和列生成算法的优化方法对该问题进行了求解。

Bianchessi 和 Righini[30] 针对意大利航空局的 COSMO-SkyMed 星座的多星任务集中规划问题，提出了一种基于图论模型的任务规划方法。该方法统筹考虑了卫星的成像和回传两个主要过程，最终优化目标为规划周期内回传的总图片数最多。在此基础上，Covello 和 Scopa 等 [31−32] 提出了针对第二代 COSMO-SkyMed 星座的扩展协同任务规划方法。该方法在文献 [30] 的基础上，考虑了第二代 COSMO-SkyMed 星座系统的任务动态性到达和执行因素，将静态的任务规划方法扩展为基于滚动周期的动态任务规划方法，并从系统总效能优化和任务排序优化两个角度分别对该问题进行了求解。

国防科技大学的陈英武、李菊芳等[33] 首先将多星多任务规划问题建模成约束满足问题，并以该模型为基础设计了对应的基于禁忌搜索算法的求解方案。在该研究的后续研究中，李菊芳、谭跃进[34] 将多星联合任务规划问题进一步描述成基于车辆路径问题（vehicle routing problem，VRP）的模型。在该模型中，成像卫星对执行成像任务的过程被描述为一系列带时间窗的车辆装卸货问题，并针对该问题设计了对应算法进行了求解。贺仁杰、顾中舜等[35-36]提出，天基资源协同任务规划问题可被建模为一系列卫星及地面站之间的作业车间调度问题。在该模型中，卫星及地面站被建模为机器，而一个成像任务则被建模为一个工件。成像任务中的成像和数据回传动作则分别被建模为工件的不同工序。通过将工件的所有工序安排至对应的机器，即可完成协同规划方案的求解。慈元卓等[37]将成像任务的不确定性因素加入模型中，提出了考虑任务不确定性的天基资源协同任务调度方法。白保存等[38]考虑到敏捷成像卫星能够通过调整任务的观测角度，将多个任务进行合并观测的特点，设计了考虑任务合成的多星联合任务规划方法。文献[39]对多种不同天基资源任务规划问题模型进行了说明，并总结了具有针对性的求解算法。

随着研究者对天基资源任务规划问题研究的逐步深入，以及卫星任务执行能力的快速提高，如何充分利用卫星（尤其是敏捷卫星）的任务执行能力以达到最大化系统效能的目的，成为天基资源任务规划问题的重点研究领域。

陈英武、姚锋等[40]采用演化学习型蚁群算法[41]求解了考虑任务合成的多星任务规划问题。该研究将多星联合任务规划问题分为多星任务分配阶段、单圈次内的任务合成阶段以及调度方案的改进阶段。问题的优化目标包括任务的完成数量以及任务的总收益。该问题求解的概念流程如图 1.11 所示。

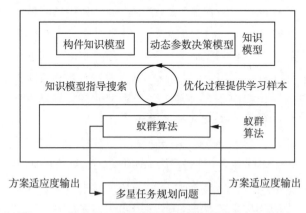

图 1.11   演化学习型蚁群算法求解多星联合任务规划

蔡德荣[42]将天基资源任务规划问题看作一类特殊的带时间窗的装卸货问题（pick-up and delivery problem with time windows, PDPTW）。该模型的特殊约束包括更严格的时间窗约束以及车辆对客户节点访问的顺序约束等，同时，该模型允许车辆放弃服务一部分客户节点。为求解该模型，他设计了一种基于最大-最小蚂蚁系统（max-min ant system, MMAS）的求解方法，并通过仿真实例证明了方法的有效性。

另外，考虑天基资源任务规划中的不确定性因素（如云层遮盖、地表环境影响等），采用鲁棒性调度的方式，提高天基信息系统任务执行的可靠性，同样是天基系统任务规划领域的一个重要的研究方向。考虑不确定性的天基资源任务规划概念如图 1.12 所示。

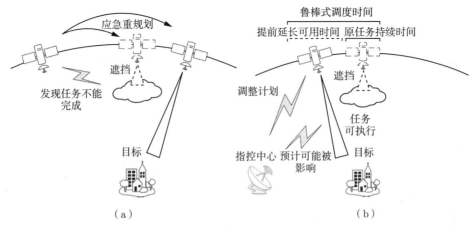

图 1.12　考虑不确定性因素的天基资源调度

（a）反应式调度；（b）鲁棒式调度

为解决该类问题，何磊等[43] 提出了一种基于蚁群算法和星上迭代修复策略的考虑云层遮盖的智能成像卫星任务调度算法。在该方法中，首先由地面任务规划器在考虑任务收益和云层预测的条件下进行任务分配。在任务分配方案的基础上，星上任务规划器在监测到云层影响时，采用自动重规划策略对观测的序列进行调整，以保证最终观测的有效性。该类型策略通常被称为反应式调度，其概念如图 1.12（a）所示。Valicka 等[44] 则将该问题建模为一个考虑随机因素的混合整数规划问题。该模型首先考虑了确定性条件下的卫星任务规划问题，并使用 CPLEX 对该模型进行了求解。在此基础上，通过向模型中加入随机变量的方法，作者将该模型扩展为考虑不确定性因素的两阶段模型，并设计算法对该问题进行了求解。该类型策略通常被称为鲁棒式调度，其概念如图 1.12（b）所示。该研究的缺陷是仅考虑了 1~2 颗卫星的小规模仿真实验，其方法在大规模问题上的效能有待检验。

1.2.2.3　多星分布式任务规划方法

随着天基信息系统的进一步扩张，以及多系统间协同趋势的出现，基于集中式的多星任务规划方法已不能完全满足天基信息系统任务规划的需求。针对该问题，出现了多星分布式任务规划方法。该类方法一般将多星任务规划问题划分为任务分配阶段和任务规划阶段两个部分。其中，任务分配阶段将用户需求拆分为多个任务清单并分配给不同的子规划系统，子规划系统则根据自身的能力情况和系统内任务的执行情况进行资源调度，完成由任务分配系统提供的任务清单。一个典型的多星分布式任务规划方法如图 1.13 所示，对它的重要研究如下。

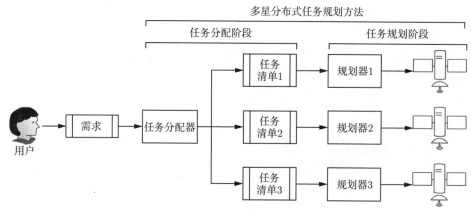

图 1.13　多星分布式任务规划方法

Bonnet 等[45] 针对天基资源分布式任务规划问题提出了一种基于自适应多智能体优化系统（adaptive multi-agent system for optimization, AMAS4Opt）的求解方案。该方案将多星任务规划问题的求解过程分布于三个关键智能体：请求智能体（request agent）、网格智能体（mesh agent）以及卫星智能体（satellite agent）。其中，请求智能体主要进行需求的发布；网格智能体则根据能够与其交互的卫星的能力以及请求的属性将请求划分为多个不同的条带，并向卫星智能体申请资源的使用；卫星智能体则根据自身的状态（轨道信息、固存剩余、电量剩余等）选择是否接受来自网格智能体的观测请求。同时，网格智能体在规划过程中能够依据当前任务的优先级排序以及任务可用的观测机会数量动态调整任务的分配序列，以保证任务安排数量的最大化。

我国针对天基信息系统联合任务规划问题的研究起源于多星多站联合任务规划问题。文献 [46] 记录了一个典型的多星多载荷联合任务规划问题。在该文献中，作者介绍了一种适用于多星多载荷多任务的天基信息系统任务规划框架。该框架可在接收到相应任务时，通过基于任务清单的分解、任务预处理、任务规划和指令生成技术，将复杂任务分解成多个不同的可直接被执行的任务集合。文献 [47] 介绍了一种多星多任务规划架构。该架构主要分为多星任务分配和控制部分以及单星任务操作部分。通过将复杂任务的分配和单星任务的调度进行剥离，该系统实现了多星多任务的自主分配和星座控制性能的柔性可扩展。然而，这些技术的主要关注点仍然是在接收到确定的复杂任务时，如何通过合理的任务分配和资源调度，尽可能高地提高卫星系统的资源利用率或提高任务执行率。

李济庭[48] 采用基于多智能体的任务规划方法对高低轨卫星协同任务观测问题进行了求解。该模型主要包括四个核心部件：任务评估器、计算决策智能体、任务分配智能体和规划调度智能体。其中，任务评估器用于对协同任务中的子任务进行分析评估，并给出任务的重要性、可执行性等关键信息；计算决策智能体在任务评估器给出的关键信息的基础上，对任务进行预处理和协同分配；任务分配智能体负责在计算决策智能体给出的结果上执行必要的星间通信；规划调度智能体在接收到来自任务分配智能体的任务清单后，结合星上资源状态进行单星任务规划。

杨唯一、刘晓路[49] 针对多星分布式协同任务规划问题提出了基于改进合同网的多智能体协同任务规划方法。该研究针对一类特殊的集中-分布式卫星系统，考虑卫星系统内可能发生的动态性变化（包括轮值主星的变化、环境对任务执行的影响以及任务的动态到达），设计了基于动态合同网的问题求解策略。该策略充分考虑了动态性因素的发生导致的可能的全局信息的缺失。仿真实验结果表明该方法能够提升卫星系统的动态响应能力，同时显著降低多智能体系统内的通信代价。

Zheng 等[50] 提出了一种基于混合动态变异遗传算法（hybrid dynamic mutation genetic algorithm, HDMGA）的多星分布式协同任务规划策略。该方法首先将多星协同任务规划问题拆分成协同规划主问题和单星调度子问题。其中，协同规划主问题用于进行最优化方案的求解，单星调度子问题则被建模为一个约束满足问题（constraint satisfaction problem, CSP）。该方法首先针对单星调度子问题设计了对应的基于遗传算法的求解方法。而上层的协同规划主问题通过从每个单星调度子问题中抽取对应的个体，完成主问题种群的构建。他们证明在多圈次任务规划问题中采用该方法进行协同方案的构建相对对比算法（分布式粒子群算法和离散蚁群算法）具有一定的优势。

Du 等[51] 为提升卫星的任务快速响应能力，提出了一种基于任务可调度性预测和并行任务规划处理框架的卫星联合任务调度算法。该方法包括任务可调度性预测层、任务分配层和并行单星任务调度层三个不同层级。任务可调度性预测层采用基于合作机制的增强拓扑神经进化（neuro-evolution of augmenting topologies，C-NEAT）模型预测任务在不同资源上调度成功的可能性。任务分配层根据 C-NEAT 模型的可调度性预测实时反馈将任务分配至不同的卫星。每个卫星则拥有其独立的单星任务调度器，用于求解各卫星的任务执行序列。图 1.14展示该框架的主要内容。

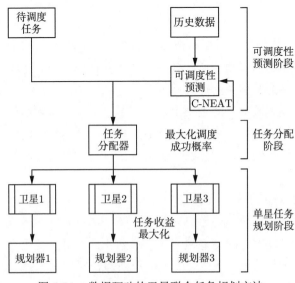

图 1.14   数据驱动的卫星联合任务规划方法

1.2.3   空基资源任务规划问题

本书中的空基资源，主要是指自组织无人机集群。下面对无人机集群的任务规划方法进行简要介绍。

1.2.3.1   无人机集群任务规划的类别划分

无人机集群是由多无人机系统发展而来的一种多无人机协同的高阶形式。相较于多无人机系统，无人机集群系统表现出显著的大规模、高协同等级、协同过程人工干预少、集群中单个无人机功能简单等特点。采用无人机集群执行空天信息采集任务，能够有效地降低任务成本、增加可处理任务的复杂度。

一般而言，无人机集群按照控制模型的不同，被划分为集中式、分布式、集散式等三种不同的结构[52]。其中，集中式代表无人机集群内部存在一个或多个扮演任务分配者角色的无人机个体；分布式代表在无人机集群中，每个无人机的角色是完全平等的，任务的规划和执行方式通过无人机集群内部的协商确定；集散式则同时兼有集中式和分布式的特点，在该结构中，一般存在多个扮演任务分配者角色的无人机，任务的规划过程由担任任务分配者角色的无人机协商解决。在任务分配结束后，担任任务分配者的无人机集中控制其下属（slave）无人机完成对应的任务。

针对无人机集群的任务规划，一般多指无人机集群的航迹规划问题。该问题通常被划分为单无人机航迹规划、多无人机航迹规划以及自组织无人机航迹规划问题。其中，单无人机航迹规划问题既对集群中的单个无人机进行航迹的规划。该方法仅能够在集中式结构或地面直接管控的条件下可实现。典型的单无人机航迹规划方法包括最优控制法[53]、路标图法[54]、栅格化处理[55] 等。以上航迹规划方法的主要问题是需要具有任务执行区域内的全局环境信息。多无人机航迹规划则大多针对具体的任务场景和需求，如多目标协同侦察[56]、地面目标接力跟踪[57]、大区域目标覆盖[58] 等。

自组织无人机集群的航迹规划问题则主要集中在如何通过无人机集群中个体的智能化决策，使整个无人机集群表现出一定的整体性，并自发地执行对应的复杂任务。自组织无人机集群的航迹规划问题可以看作一种"自下而上"的任务规划。因此，该模型又被称为"集群智能涌现式任务规划"[59]。本书中的空基资源，即主要为自组织无人机集群。因此，下面将对自组织无人机集群的控制模型及任务规划方法进行着重介绍。

1.2.3.2 自组织无人机集群控制模型及任务规划方法

在针对自组织无人机集群的研究中，如何设计合适的自组织无人机集群控制系统一直是一大挑战。其原因是在自组织无人机集群控制系统中，考虑到自组织无人机集群设计的原则，通常不允许存在一个或几个具有领导者角色的无人机，也不允许地面控制系统直接控制无人机集群的行为。因此，当设计针对自组织无人机集群中的个体的控制系统时，该控制系统需要保证能够仅通过个体与个体、个体与环境之间的信息交互，就能够使个体以及整个群体的行动表现出足够的群体性，并能够完成对应的任务活动。

以此为目的,通常设计自组织无人机集群控制系统的方式有两种:① 基于行为（behavior-based）的设计方式；② 自动化设计（autonomic design）方式。在基于行为的设计方式中，通常又可以分为三大类：① 概率有限状态机模型（probabilistic finite state machine design，PFSMD）；② 基于虚拟物理学规则的模型（virtual physical-based design）；③ 其他模型。基于自动化设计的方式又包括：① 基于进化的机器人（evolutionary robots，ER）系统；② 基于强化学习方法（reinforcement learning methods，RL）的机器人系统。关于这些不同类型的自组织无人机集群控制系统的设计原则的综述文章可见文献 [60]。其中，基于虚拟物理学规则的设计方式被广泛应用于各类需要同时完成自组织无人机集群队形控制并进行避障、导航等多种用途的无人机集群控制设计中。文献 [61] 最先提出了虚拟物理学规则概念。在该文章中，作者介绍了一种自组织无人机集群控制的概念：人工势力场（artificial potential field, APF）。基于 APF 设计的自组织无人机集群控制器通常满足如下准则：集群中的任何无人机个体至少受到两种力，一种是来自目标定向的引力，一种是来自其他个体或障碍物的排斥力。文献 [62] 总结了基于虚拟物理规则设计的自组织无人机集群控制器的具体优点如下：

（1）不同于基于有限状态机的控制方式，基于虚拟物理学规则的设计使用唯一物理学规则替代多种不同的行为规则用于满足使自组织无人机集群出现多种不同行为的要求；

（2）无人机个体行为能够通过简单的向量操作求得；

（3）能够通过一些理论工具对控制模型进行定量分析。

自文献 [61] 以来，针对虚拟物理控制规则的研究主要集中于扩展不同的物理原则上。文献 [63] 提出了后来获得了广泛认可并被广泛用于描述基于虚拟物理规则的自组织无人机群控制器的控制模型。文献 [64] 在已有的规则的基础上扩展出了一类重要的规则：障碍速度（velocity obstacle, VO）。文献 [65] 通过考虑邻近个体对 VO 规则进行了进一步扩展。最终，文献 [66] 将 VO 规则扩展为虚拟群组障碍速度（virtual group velocity obstacle，VGVO）。通过使用 VGVO 概念，能够保证自组织无人机集群能够更好地在空间内分布为几个小的集群并更好地完成一类使命目标。文献 [67] 将虚拟物理控制规则和强化学习相结合，从而提高了控制器的效能。其他扩展包括文献 [68] 将相对速度纳入了模型的考虑范围。为了测试该模型的效能，作者使用了一个室内的实机场景，一台基于 Parrot ARDrone 2.0 的无人机平台被用于执行 3D 环境下的目标定向飞行。文献 [69] 和文献 [70] 将速度的同一性纳入控制模型的考量范围。文献 [71] 提出了基于虚拟物理规则的一般化自组织无人机集群控制模型，该模型可广泛地应用于各类队形维持任务并支持不同规模的自组织无人机集群。

尽管目前针对虚拟物理规则的自组织无人机集群控制模型已经得到了广泛研究，但是至今该模型仍需要解决一个至关重要的问题：如何使简单的基于数学规则的控制模型具有更加广泛的应用并在各种不同的问题环境下均保证其表现的稳定性。

为了解决这一问题，一类重要的解决方案是允许模型使用可变参数。使用可变参数的自组织无人机集群控制模型的研究最早可追溯至文献 [72]。在本书中，基于进化算法（evolutionary algorithm, EA）的算法被用于离线地求解基于勒纳德-琼斯势函数（Lennard-Jones potential function）的自组织无人机集群控制模型中的参数。文献 [73] 使用基于粒子群算法的优化方法求解自组织无人机集群控制模型中的参数，并获得了比遗传算法具有更好种群多样性的算法表现。文献 [74] 将自适应无人机集群控制模型用于完成去中心化的无人机集群聚合任务。该算法针对不同规模的自组织无人机集群均有较好表现。文献 [75] 改进了基于经典 Vicsek 模型的自组织无人机集群控制模型以完成无人机聚合任务。在该研究中，一个可变的参数用于控制集群中不同个体之间互相影响的能力。文献 [76] 研究了自适应无人机集群控制模型在高速环境下的表现。

在 2018 年，文献 [77] 提出了一种新的自组织无人机集群控制模型。该文献描述了一种基于 11 个可变参数的虚拟物理规则无人机个体控制系统。作者使用了基于 Altlasz 超级计算机的仿真场景和实机飞行试验验证了该控制器的效能。刨除巨大的计算资源消耗（在 Atlasz 计算机环境下运行一个仿真场景的单次试验通常需要消耗 2~6 天），该模型在设定的试验场景（包括无障碍任意飞行以及有障碍环境下的任意飞行）中均获得了较好的表现。

1.2.4　智能优化方法

智能优化方法是一种在组合优化问题领域常用的近似算法（approximation algorithm）。智能优化算法在组合优化问题领域具有广泛应用。在组合优化问题中采用智能优化算法的主要理由是：由于经典组合优化问题大多属于 NP-hard 问题，因此目前尚不存在能够在多项式时间范围内求得最优解的方法，甚至在部分规模较大的组合优化问题中，使用精确算法不能在有限时间内得到符合要求的可行解。因此，需要有针对性地开发相应的优化技术，以保证在有效时间范围内能够求得较好的可行解。因此，研究者通过设计具有针对性的智能优化算法，对组合优化问题进行求解。

文献 [78] 对智能优化算法在组合优化领域的应用类别做了具体分类，如表 1.1 所示。

需要指出的是，由于算法设计思路存在交叉，因此在不同文献中，针对算法的分类可能存在一定的差异（如遗传算法在部分文献中也被分类为仿生算法）。下面针对这四个分类中的重要算法类别分别进行介绍。

1.2.4.1　群智能算法

群智能算法通常是模拟自然界中生物的聚集、合并、觅食等行为构建的一类智能优化算法。在该类算法中，不同的智能个体之间通过交互和基于自身所处状态的判断来执行优化任务。如果从单独的智能个体来看，其智能化程度通常较低，而经过智能体之间的交互，其整个种群能够一定程度上表现出较高的智能型，从而完成复杂的优化任务。群智能算法中的典型算法包括：

表 1.1   智能优化方法在组合优化问题中的应用分类

群智能算法	仿生算法	虚拟物理算法	机器学习方法
粒子群算法	遗传算法	和声搜索算法	深度强化学习方法
蚁群算法	头脑风暴算法	模拟退火算法	图神经网络法
蜂群算法	蛙跳算法	黑洞算法	注意力机制
狼群算法	鱼群搜索	重力搜索算法	…
⋮	⋮	⋮	

（1）蚁群算法

蚁群算法是通过模拟蚂蚁的觅食行为进行解空间搜索的智能优化算法。在自然界中,蚂蚁是已知的具有较低行为能力和智能的一类生物,而其种群在处理复杂任务时却表现出极高的智能性。这依赖于蚁群对于个体间信息传播的特殊处理方式——信息素。蚁群算法首先在文献 [79] 中提出。在该文献中,作者描述了一种基于蚁群和信息素传播的智能优化算法,并用其解决了包括旅行商问题（travelling salesman problem, TSP）在内的多个组合优化问题。在其后续研究 [80] 中,作者总结了蚁群算法在求解组合优化问题时相对于本领域最先进（state-of-the-art, SOTA）方法的优势和不足,同时给出了其多个后续的变种形式,如基于精英蚂蚁策略的精英蚂蚁系统（elitist ant system, EAS）；有信息素上下界限制的最大-最小蚂蚁系统（MMAS）；基于排序的蚂蚁系统（rank-based ant system, RAS）等。在后续的文献 [81] 中,作者将只能解决离散优化问题的蚁群算法扩展到连续优化领域,提出了连续优化蚂蚁系统（continuous orthogonal ant colony, COAC）。

（2）蜂群算法

蜂群算法是模拟自然界中蜜蜂的采蜜行为而构建的智能优化算法。在蜂群算法中,存在三种不同类型的人工蜜蜂,其中侦察蜂负责通过随机搜索寻找新的食物源；引领蜂负责记录现存较好的食物源和新发现的食物源,并评估各个食物源的具体好坏并传递给跟随蜂；跟随蜂则负责在固定的食物源采蜜并更新食物源中食物的质量。其中,食物指可行解。蜂群算法最早在文献 [82] 中提出。在其后续研究文献 [83] 中,作者提出了一种基于适应性函数归一化和混沌理论的蜂群算法亚种：适应性归一化混沌人工蜂群算法（fitness-scaled chaotic artificial bee colony,

FSCABC）。该算法能够获得比经典蜂群算法更好的算法效能，同时更不容易陷入局部最优。

（3）狼群算法

狼群算法是一种新兴的智能优化方法。狼群算法是模拟狼群的捕猎行为而产生的一种新算法。在狼群算法中，多个智能体根据自身规则搜索一个猎物（最优解），不同的智能体之间不存在物理交流。如果出现了新的较好的可行解，则通过交换不同的狼之间的位置实现解的更新。同时，算法在迭代过程中会随机选择一匹狼并将该狼放到另一个随机位置，以确认该位置是否存在潜在的猎物。文献 [84] 指出，狼群算法在解决经典组合优化问题时，相对于以往的智能优化算法而言，具有更好地避免陷入局部最优的能力。文献 [85] 将狼群算法应用到连续优化领域，同时证明了在该领域狼群算法同样具有较好的效果。

（4）粒子群算法

粒子群算法是一种模拟鸟类在自然界中的飞行行为的算法。在粒子群算法中，每个粒子的飞行方向被通过如下元素决定：① 其周边较好的粒子的飞行方向；② 其自身的目前找到的最好解的位置。粒子群算法最早在文献 [86] 中提出。随着粒子群算法理论的逐渐演化，许多著名的粒子群算法的子算法被提出。文献 [87] 提出了全信息粒子群（fully informed particle swarm, FIPS）的概念。在全信息粒子群中，每个个体都受到整个粒子群中所有个体而非单一最优个体的影响。文献 [88] 提出了收敛保障粒子群（guaranteed convergence particle swarm optimization, GCPSO）的概念，在该算法中，所有粒子的搜索范围被限定在当前最优解周边的一个确定的半径内。文献 [89] 提出了混合粒子群（hybrid particle swarm optimization, HPSO）概念。在混合粒子群中，全局最优模型和局部最优模型产生的解被结合起来，以提高算法的搜索效能。该文献指出混合粒子群能够产生比一般的粒子群算法更优秀的可行解。

1.2.4.2 仿生算法

仿生算法是模拟生物在自然界中的一些行为进行问题求解的。与群智能算法不同的是，仿生算法不直接模拟自然界中生物的群体行为，而是通过模拟一些其他的生物行为进行搜索。仿生算法应用于求解组合优化问题的案例包括：

（1）遗传算法

遗传算法是仿生算法中最著名的算法结构之一。遗传算法的基础理论是达尔文的进化论。遗传算法最早在文献 [90] 中提出。在该文献中，作者提出了一种通过模拟生物在自然界中的进化过程来进行迭代寻优的仿生算法。基础的遗传算法包括编码、交叉操作、变异操作、选择操作、解码五个部分。随着研究者对遗传算法研究的逐渐深入，遗传算法的许多亚种也表现出较好的求解效能。如文献 [91] 提出了一种基于 0-1 编码的遗传算法亚种——二进制遗传算法（binary genetic algorithm, BGA）。该算法拥有比一般的遗传算法更好的求解效果和求解效能。文献 [92] 提出了一种基于邻域搜索算法和惩罚函数的遗传算法子算法。在该算法中，作者使用邻域搜索算法来指导遗传算法搜索的进行。为了应对普通遗传算法无法求解多目标问题的特点，文献 [93] 提出了一种基于分解的多目标遗传算法，用于求解多种不同的多目标优化问题。

（2）蛙跳算法

蛙跳算法（shuffled frog leaping algorithm, SFLA）是一种新兴的仿生算法。蛙跳算法的基本思想是：人工青蛙在一片池塘（解空间）中寻找解。人工青蛙在不同的解之间进行跳跃，不同的青蛙通过互相之间的交流实现信息的交换。在蛙跳算法中，全部青蛙可以被分成多个蛙群，每个蛙群针对同一片解空间实施邻域搜索。当邻域搜索执行到一定代数时，在不同的蛙群间进行信息的交换，以寻找可能更优的解。蛙跳算法最早在文献 [94] 中提出。

1.2.4.3   虚拟物理算法

基于虚拟物理规则的智能优化算法，主要是模拟自然界中的一些物理学和化学现象而设计的智能优化算法。其中，较为著名的有模拟电子交换、模拟星球引力、模拟河流系统等。下面介绍一些著名的基于虚拟物理规则的智能优化算法。

（1）和声搜索算法

和声搜索（harmony search, HS）算法是近年来新兴的一种通过模拟音乐的和声规律来进行搜索的智能优化算法。和声搜索算法最早在文献 [95] 中提出。在该文献中，作者提出和声搜索算法的研究动机是其观察到音乐的最终目的是寻找一种完美的和声状态。在和声搜索算法中，搜索算子的行为被类比为一个演奏的爵士乐手，而解的质量则通过听众（既通过目标函数和约束条件）来进行评估。在该文献中，作者还提出和声搜索算法的算法效率和算法求解质量能够在多个现实应用中得到证明。在经典和声搜索算法的基础上，许多研究者提出了不同类型的和声搜索子算法。如文献 [96] 提出了一种基于全局最优解的和声搜索算法更新策略——全局最优和声搜索（global-best harmony search, GHS）。该算法的理论动机借鉴于粒子群算法中个体的行为同时受到个体当前状态和群体最优状态的影响。文献 [97] 提出了一种新的和声搜索算法策略——具有动态子种群的局部最优和声搜索（local-best harmony search with dynamic subpopulation, DLHS）。在该算法中，一个优化问题被分配到多个不同的和声搜索子种群内，每个种群根据自身的更新规则独立处理搜索过程。有关和声搜索算法的其他具体细节和子算法类型以及算法表现可见综述文献 [98]。

（2）模拟退火算法

模拟退火算法是一种应用非常广泛的智能优化算法，该算法最早在文献 [99] 中提出。在该文献中，作者描述了一种基于自然界的金属退火过程的智能优化算法。在模拟退火算法中，算法从比较高的温度状态开始搜索，在迭代搜索的过程中温度逐渐降低，直到温度下降到合适的收敛阈值。在算法处于温度较高的区域时，算法能够以更高的概率接收一个新的解作为当前可行解进行下一步搜索。模拟退火算法在结合其他类型的算法时，同样具有较好的优化效能，如针对模拟退火算法速度较慢的问题，文献 [100] 提出了快速模拟退火（fast simulated annealing, FSA）算法。在该方法中，作者改进了经典模拟退火算法仅基于邻域搜索进行求解的过程，将搜索过程拆分为领域搜索过程和随机长跳跃过程两部分，从而提高了模拟退火算法的搜索效率。文献 [101] 提出了结合邻域搜索算法的模拟退火方法。在该算法中，作者首先采用模拟搜索算法搜索得到一个优化后的可行解。在此基础上，继续采用邻域搜索算法进行后续优化，从而提高了模拟退火算法最终的算法表现。

1.2.4.4 机器学习方法

在机器学习研究领域，决策问题一直是研究重点之一。而组合优化问题是决策问题中的一个重要子领域，因此使用机器学习方法求解组合优化问题一直是该领域的一个重要研究方向。文献 [102] 总结了使用机器学习方法求解组合优化问题的主要动机。

首先，对于经典组合优化问题的求解方法设计（包括确定性算法和近似算法）而言，通常设计一个好的求解算法需要大量针对该问题领域和优化算法的专业知识。同时，由于经典求解算法中经常存在需要大量迭代或者其他计算开销极大的计算方式，因此采用机器学习方法能够较好地减轻算法的计算负担。

另外，由于在大部分情况下，研究者对具体组合优化问题中存在的领域知识的理解尚不充分，因此现有的 SOTA 算法在许多重要的组合优化问题上的算法表现都尚有提升空间。使用机器学习方法求解组合优化问题的另一个动机就是通过将组合优化问题分解为多个规模更小、结构更简单的学习任务，从而使机器学习方法在求解组合优化问题上能够得到理论上具有效能保证的结果。

传统的机器学习问题囿于学习效率因素的影响，通常采用与经典的启发式算法或确定算法相结合的方式求解组合优化问题。近年来，随着计算机硬件能力的提高（尤其是 GPU 在机器学习中的广泛应用），以及一批新的适应于机器学习求解组合优化问题的算法结构的提出，机器学习方法尤其是其中的深度学习方法开始快速应用于各个组合优化问题领域，并出现了一批非常具有竞争力的成果。本

书将这类成果主要分成如下几个部分:

（1）基于注意力机制的机器学习算法

注意力机制起源于文献 [103]。在该文献中，作者介绍了队列对队列学习（sequence-to-sequence learning）的概念。该方法用于将一个问题序列输入转化为另一个同维度的向量输出。然而，在经典的队列对队列学习中，一个主要的缺陷是网络训练时只能够使用经过解码器解码后的输出序列。为了充分利用训练过程中产生的中间数据，进而提升网络的求解精度和训练速度，注意力机制第一次在文献 [104] 中提出。在该文献中，作者将原本确定长度的序列对序列学习编码机制转换成能够将输入编码为一系列向量的编码方式。同时，采用一层神经网络结构来预测在这一系列向量中，哪个向量最有可能和当前问题相关。在此基础上，文献 [105] 将原本的单注意力机制转换成多注意力机制。在该文献中，作者设计了针对同一输入编码的不同处理逻辑。同时，注意力机制被平行地应用于不同的处理逻辑输出。该机制能够更好地降低单个注意力机制的计算复杂度，同时能够更好地利用计算机的平行处理能力。

（2）图神经网络

在组合优化问题领域，许多优化问题天然具有图模型表示，如旅行商问题、作业车间调度问题、最大割集问题等。图神经网络（graph neural networks, GNN）的提出，即是面向能够使用图模型表示的组合优化问题，通过输入问题的图模型表示，输出对应该模型的可行解的机器学习方法。图神经网络最早在文献 [106] 中提出。在该文献中，作者提出了一种基于多层前馈神经网络的新网络结构，该结构能够自主学习图结构中节点之间可能存在的复杂关系，并最终将其显式地表达于输出向量中。文献 [107] 扩展了基础的图神经网络的概念，在经典的图神经网络结构中加入了门控循环单元（gated recurrent unit, GRU）和信息的反馈机制，从而实现了节点初始化时能够带入节点特征的特性并加快了网络的收敛速度。文献 [108] 提出了图卷积网络（graph convolutional networks, GCN）的概念。该网络在基础的图神经网络中加入了卷积操作，从而使图神经网络不仅能够学习当前节点的信息，还能够从其邻居节点接收信息，进一步增加了图神经网络的学习能力。文献 [109] 提出将注意力机制加入图神经网络中，实现了图注意力网络（graph attention networks, GAN）。在该网络中，作者在图神经网络的基础上加入了注意力层，使用注意力层能够将图神经网络输入转化成更高等级的图结构特征。该文献提出使用图注意力网络能够提高网络的计算效能以及网络结果的可解释性。

（3）深度强化学习方法

不同于以上两类基本机器学习方法，深度强化学习方法通过智能体与具有不确定性的环境交互进行问题求解，并以最大化奖励值函数作为智能体的最终目标。在深度强化学习方法中，存在四个基本要素：策略（policy），是智能体用于决定行动的基本方法；奖励值（reward），是智能体在执行一步行动后可以获得的收益；价值函数（value function），是用于评价最终解的质量的函数（也可以看作一个较长时间后得到的奖励值）；模型（model），是对智能体所处环境的基本描述。深度强化学习的目标是通过智能体和环境的交互学习，使智能体能够在确定的环境中输出预期奖励值最大的行动。在文献 [110] 中，作者首次介绍了一种基于深度神经网络（deep neural networks，DNN）的 Q 学习算法：深度 Q 网络（deep Q networks, DQN）。该方法被看作深度强化学习方法的开端。在深度 Q 网络中，卷积神经网络和端到端强化学习被结合起来，用于学习不同环境下的最优输出。异步优势演员–评论家（asynchronous advantage actor critic, A3C）方法是另一种重要的深度强化学习方法。该方法最早在文献 [111] 中提出。在该文献中，作者提出了一种兼具基于策略（policy-based method）的机器学习方法优点和基于价值（value-based method）的机器学习方法优点的机器学习方法。在该方法中，用于选择下一步动作的网络结构被称为 actor，而用于评估该动作的具体价值的网络被称为 critic。该方法同时针对这两个网络进行训练，从而对该智能体求解问题的效果进行优化。A3C 网络的训练和求解效能相比于现有的 SOTA 机器学习方法具有较强的竞争力。

1.2.5　现状分析及总结

通过以上研究及分析可见，目前针对空天资源任务规划问题，还存在如下不足：

（1）对问题特征的抽象和概括尚不完备。空天资源任务规划问题是一类特殊的任务规划问题，其中涉及的任务情况复杂，资源的使用约束较多。现有研究成果多建立在针对具体类型的空天资源或任务场景，通过特定的规划方法进行求解。不同研究的问题模型和求解方法之间虽然存在一定的相似性，但由于各方法考虑的具体优化问题和约束条件不尽相同，导致各问题模型和求解方法之间的通用性较差。另外，由于不同的任务规划方法对问题的抽象概括程度不统一，导致难以对不同问题中影响任务规划效能的具体原因进行深入分析，使不同研究成果之间的可借鉴性下降。

（2）问题的求解表现尚有优化的空间。由于空基资源和天基资源之间的工作方式存在较大差异，因此针对空天资源的任务规划多采用基于多智能体理论和约束推理理论的方案进行。其中，基于多智能体理论的规划方法存在通信代价较大的弊端，且各个智能体之间获得的信息存在差异，因此较难保证规划的优化效果。而基于约束推理的规划方案求解的主要目的是以较低的计算代价找到可行的任务规划方案，而对规划方案的效能优化不足。因此，针对空天资源的任务规划问题的算法表现还存在一定的优化空间。

（3）空天资源的协同规划方式尚不明确。随着空天信息系统的逐步扩张，空天资源任务规划问题的求解方式也应出现变化。经典的问题求解方法通常将该问题进行统一建模，并针对问题进行一体化求解。该方式的主要缺陷是随着空天信息系统的规模扩张，问题的求解空间急遽扩张，求解算法容易面临"维度灾难"的影响。因此，如何合理地将问题进行划分，使不同类型资源的规划过程从紧耦合变为松耦合，提升算法的求解表现，同样是需要着重考虑的问题。

为解决以上问题，本书拟从以下三个方面开展必要研究：首先，针对空天资源任务规划问题进行合理的阶段划分，明确不同阶段之间的问题边界和协同方式；然后，针对不同阶段的问题的主要特征进行必要的抽象和概括，明确不同问题阶段的主要研究问题；最后，根据不同问题阶段的主要问题分别设计对应的优化算法进行求解，以期提升该阶段问题的求解表现。

本书的主要研究思路可概括如下：首先，将空天资源任务规划问题进行了阶段划分，按照"资源匹配—任务分配—系统内任务规划"的顺序，对空天资源任务规划问题进行了求解；然后，针对不同阶段问题的主要特征，提出了针对不同规划阶段的问题的一般化数学模型；最后，针对每个问题阶段的具体问题模型，设计对应的优化方法，对模型进行了求解，并分析了在求解过程中影响问题求解表现的主要因素。

1.3   本书主要工作

1.3.1   研究路径设计

本书主要包括如下内容：基于深度学习的资源-任务智能化匹配技术、面向空天资源的任务智能化分配技术、基于蚁群优化的天基资源任务智能规划技术、基于演化计算的空基资源任务智能规划技术，主要求解了面向空天资源的协同任务规划问题。本书将该问题划分为四个不同阶段：空天资源匹配阶段、空天任务分配阶段、天基任务规划阶段、空基任务规划阶段。空天资源匹配阶段根据空天信息用户需求对当前空天资源和可执行任务清单进行筛选，选择合适的空天资源和对应的任务清单；空天任务分配阶段根据筛选得到的空天任务清单以及任务执行资源，对空天任务进行合理分配；天基任务规划阶段在当前的空天任务分配方案的基础上，结合当前天基信息系统能力，提供对应的天基资源任务规划方案；空基任务规划阶段在当前空天任务分配方案的基础上，结合空基信息系统能力和空基系统指控特征，设计对应的空基资源任务规划方法。本书的主要技术路线如图 1.15 所示。

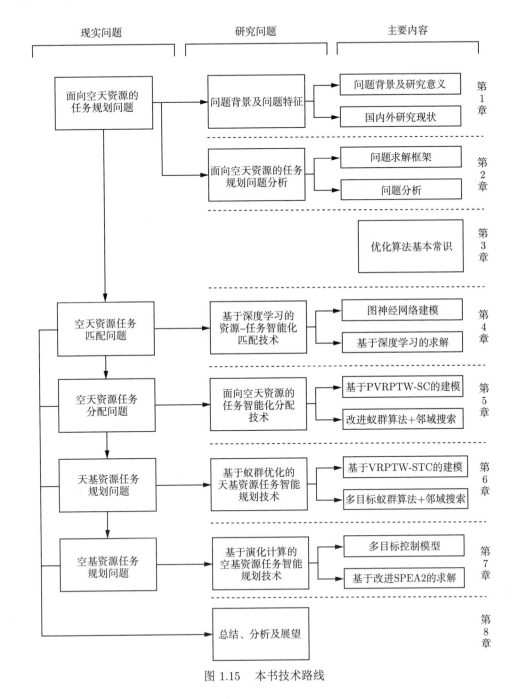

图 1.15 本书技术路线

1.3.2   研究思路分析

由于空天资源任务规划问题的复杂性，以及空天信息系统指控体系的特殊性，本书将该问题划分为四个独立部分。在问题的第一阶段，首先确定用于执行需求的具体任务和可用资源；在问题的第二阶段，根据各系统内资源状态和任务约束，对任务进行分配；问题的第三和第四阶段则是在任务分配的基础上，结合各阶段对应资源的特征，分别进行任务具体执行方案的优化。本书的技术方案主要包括：

（1）基于深度学习的资源-任务智能化匹配技术。针对空天资源匹配问题中同一空天信息需求可对应多种不同的任务清单和执行资源的组合的问题，设计基于深度学习的资源-任务智能化匹配技术。该技术首先将空天资源-任务匹配问题进行了基于作业车间调度问题的建模，然后采用图神经网络方法将问题模型转化为统一规模的向量输入。基于该向量输入，设计基于双重深度 Q 网络的求解方案，对该问题进行了求解。该技术的主要特点是能够以接近简单启发式算法的时间消耗，快速解决大量的空天任务清单和空天资源匹配的问题，并能够给出对应的方案评估。

（2）面向空天资源的任务智能化分配技术。针对空天资源任务分配问题中同一任务可能存在多个不同的执行机会的问题，设计了面向空天资源的任务智能化分配技术。该技术首先将空天资源任务分配问题建模为一类特殊的周期车辆路径问题，并以此为基础，设计了对应的基于改进蚁群算法和多目标模拟退火算法的问题求解方法。该技术能够在当前任务需求和对应的资源约束的条件下，考虑资源用量、服务成本和对应的收益，给出空天资源多目标任务分配方案。

（3）基于蚁群优化的天基资源任务智能规划技术。针对天基资源任务规划问题中，服务收益、服务成本和任务资源占用的均衡问题，设计了基于蚁群优化的天基资源任务智能规划技术。该技术首先将天基资源任务规划问题建模为一类特殊的带时间窗的车辆路径问题，并以该数学模型为基础，设计了基于改进蚁群算法和邻域搜索算法相结合的混合启发式算法，对该问题进行了求解。最终，给出同时考虑服务收益、服务成本和资源占用的天基资源任务规划方案。

（4）基于演化计算的空基资源任务智能规划技术。针对空基资源任务规划问题中典型的服务路径规划问题，在同时考虑资源损失、服务速度和队形维持的基础上，设计了基于演化计算的空基资源任务智能规划技术。该技术首先提供了一种针对不同环境的可调参数空基资源控制模型，然后提供了一种针对不同环境的基于演化计算的模型控制参数调优方案。以该模型为基础，对空基资源的任务规划问题进行了求解，并最终给出同时考虑多个优化目标的空基资源任务规划方案。

1.3.3　主要创新点

本书的主要创新点包括如下几点：

（1）分析了空天资源-任务匹配问题的主要特征，建立了空天资源-任务匹配问题的求解方案。针对空天资源-任务匹配问题需要快速求解大量问题实例的问题，提出了基于深度学习的资源-任务智能化匹配技术。与基于搜索的启发式算法和确定性算法不同，该技术能够通过"离线训练-在线求解"的方式，以 $O(n)$ 的计算复杂度对不同规模的空天资源-任务匹配问题进行求解，极大地降低了任务-资源匹配问题的计算代价，从而解决了空天资源智能任务规划问题中的资源-任务快速筛选问题，为后续的空天资源任务分配和各资源任务规划提供有效输入。

（2）分析了空天任务分配问题的主要特征，建立了空天任务分配问题的求解方案。针对空天任务分配问题中任务执行频次难以确定的问题，设计了面向空天资源的任务智能化分配技术。该技术首次将空天任务的执行频次作为任务规划的鲁棒性指标加入问题优化目标的考量，同时以多目标优化的思想，有效地解决了空天任务分配问题中增加任务频次的需求和降低服务成本的需求的冲突问题。该技术在空天资源-任务匹配方案上，进一步给出空天任务分配方案，为下一步各资源内部的任务规划提供依据。

（3）分析了天基资源任务规划问题的主要特征，建立了天基资源任务规划问题的求解方案。针对天基资源任务规划中难以确定任务可用时长以及任务执行方案的问题，设计了基于蚁群优化的天基资源任务智能规划技术。该技术首次将天基任务规划问题中任务可用时长作为衡量任务规划方案的有效指标之一纳入规划方案的评价体系，并设计相应的多目标优化算法对考虑任务可用时长的天基资源任务规划问题进行了求解，并在空天任务分配方案的基础上，形成了天基资源的具体任务规划方案。

（4）分析了空基资源任务规划问题的主要特征，建立了空基资源任务规划问题的求解方案。为解决自组织无人机集群的任务规划问题，设计了基于演化计算的空基资源任务智能规划技术。该技术能够通过预先训练得到的无人机集群控制模型，对自组织无人机集群进行控制，有效完成空天任务分配阶段分配给空基资源的任务。该模型的主要特征是能够根据任务的不同进行灵活扩展，且能够通过调整不同规则库中的模型权重适应不同任务环境，从而有效完成多种类别的空基任务。

1.4 本章小结

随着我国空天信息系统的发展以及民生和国防等领域对空天信息资源的依赖程度日益上升，构建快速、高效、易使用的空天信息管控方案，已成为提升空天系统效能的重要方式。本章首先分析了针对空天资源协同任务规划问题的国内外研究现状，在此基础上，针对该问题的特征给出了具体的研究思路分析并给出了本书的主要创新点。

第2章

空天资源任务规划问题

本章主要对空天资源任务规划问题进行分析：首先，针对空天资源任务规划问题进行了描述和分析；然后，针对空天资源任务规划问题进行了问题分解，并设计了对应的问题求解框架；最后，在问题求解框架的基础上，针对框架中的每个子问题分别进行了问题描述，并对问题求解的重难点进行了解释。

2.1 问题描述

2.1.1 需求描述

空天资源任务规划问题的主要需求，是在用户的空天信息需求基础上，通过合理地选择具体任务和执行资源、有效进行任务分配和资源调度，提高整个空天信息系统的任务执行能力。一个完整的空天资源任务规划问题实例如图 2.1 所示。

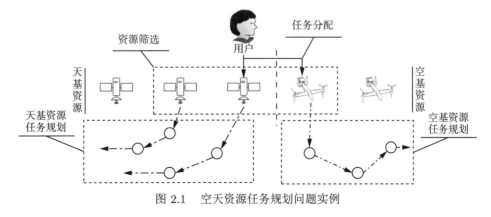

图 2.1 空天资源任务规划问题实例

由图 2.1 可知，空天资源任务规划问题能够划分为四个主要问题：空天资源筛选问题、空天任务分配问题、天基资源任务规划问题和空基资源任务规划问题。以上四个问题的主要需求如下：

2.1.1.1   空天资源筛选问题

由于空天信息系统规模的扩张和空天需求执行的多样性，需要根据具体的空天需求和空天信息系统状态，首先对空天资源进行合理筛选，以降低问题的求解难度，提高空天任务规划系统的运行效率。本问题的主要关注点是快速选择合理的空天需求执行资源集合。

2.1.1.2   空天任务分配问题

该问题在合理的空天资源集合的基础上，将空天任务分配到对应的资源管控系统，产生合理的空天任务分配方案。该方案应能够满足不同任务的时效性要求，且具有较好的鲁棒性，同时应尽量提高空天资源的使用效率。

2.1.1.3   天基资源任务规划问题

该问题在空天任务分配方案的基础上，结合筛选得到的天基资源的当前状态和空天任务的实际需求，制定具体的天基任务执行方案。该方案应满足不同任务的时效性要求，并尽量减少任务执行的资源代价。

2.1.1.4   空基资源任务规划问题

该问题在空天任务分配方案的基础上，结合筛选得到的空基资源的当前状态和空天任务的实际需求，制定具体的空基任务执行方案。本书以自组织无人机集群为研究问题背景，通过设计和优化自组织无人机集群的控制系统，实现空基资源的任务规划和方案优化。

在以上现实问题需求的基础上，下面介绍空天资源任务规划问题的问题描述以及重难点分析。

2.1.2   问题界定

由于目前对空天资源任务规划问题中的要素尚无标准定义，因此为明确任务的规划边界，明晰各相关要素之间的关系，本节首先给出空天资源任务规划问题中要素的标准定义：

定义 2.1   需求（requirement）。 在空天资源任务规划问题中，需求 Re 是空天信息系统需要达成的一系列目标 $O = \{o_1, o_2, \cdots, o_n\}$ 的集合。

定义 2.2   目标（goal）。 在空天资源任务规划问题中，目标 o_n 是需求 Re 的最小不可拆分的基本单元，每个目标对应多个备选任务清单。

定义 2.3 任务清单（task list）。 在空天资源任务规划问题中，任务清单 $Al_i \in AL$ 是任务 $A = \{a_1, a_2, \cdots, a_m\}$ 及任务间可能存在的约束 $CA^i = \{ca_1^i, ca_2^i, \cdots, ca_q^i\}$ 的集合。通过执行一个确定的任务清单 Al_i，即可完成与其对应的目标。AL 是全部可执行空天任务清单的集合。

定义 2.4 任务（task）。 在空天资源任务规划问题中，任务 a_m 是系统中某一资源可执行的不可再分的最小单元。执行任务需要消耗对应的任务执行资源。

定义 2.5 资源（resource）。 在空天资源任务规划问题中，资源 $r_k \in R$ 是系统可调度的用于完成任务的基本单元。每个资源包含对应的与其任务执行能力相关的约束 $cr_k \in CR$。R 为系统可调度资源的全集，CR 为与资源相关的约束的全集。

通过以上定义，可以给出一个基本的从需求到最终资源的确定的过程如图 2.2 所示。

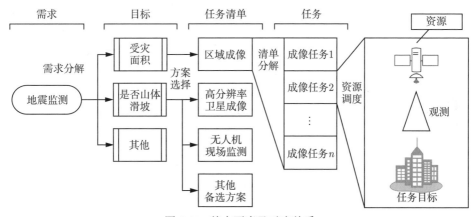

图 2.2 基本要素及对应关系

为定义空天资源任务规划问题，还需要定义约束和环境如下：

定义 2.6 约束（constraint）。 在空天资源任务规划问题中，约束 $C = CA \cup CR$，其中 CA 为全体任务约束的集合。

定义 2.7 环境（environment）。 在空天资源任务规划问题中，环境 E 是指与系统内资源可能发生互动的外部实体的集合。

最终，本书将面向空天资源的任务规划问题定义为：

定义 2.8 面向空天资源的任务规划（space-air mission planning）。 面向空天资源的任务规划，是指在确定的任务需求 Re 及外部环境 E 下，通过合理选择空天任务清单 $Al_i \in AL$，安排空天任务 $a_m \in Al_i$，调配合适的空天任务资源

R，在满足一组确定的约束条件 C 的条件下，制定完整的空天资源任务规划方案 P 的过程。

为了更清晰地界定问题边界，还需明确以下两个问题：

（1）在实践问题中，一般任务清单由具体的业务部门给出，因此在本书中不涉及任务清单的生成问题。该假设与问题的实际情况一致。

（2）在本书中，为保证研究聚焦于任务规划过程，仅考虑和任务规划直接相关的资源和约束特征，不考虑诸如管控部门协商、调度人员排班等相关问题带来的约束。

2.1.3　资源界定

虽然本书将空天资源全部抽象为更高层次的"资源"，为了防止问题的过度简化导致与实际问题的脱节，本书选择天基资源和空基资源中具有代表性的两类资源作为研究对象。其中，天基资源主要指成像卫星，空基资源则主要指智能无人机集群。

在清楚地界定资源的条件下，继续界定本书中与资源相关的通用约束，如表 2.1 所示。

表 2.1　通用资源约束

成像卫星		无人机集群	
约束名称	约束类型	约束名称	约束类型
服务能力	整数约束	服务能力	整数约束
服务时间	整数约束	服务时间	整数约束
转换时间	整数约束	转换时间	整数约束
资源占用	布尔约束	资源占用	布尔约束

其中，服务能力约束表示该资源服务具体任务的能力，在一个规划周期（针对成像卫星为一个圈次，针对无人机为从起始点出发直到返回起始点之前）内该资源为不可再生资源。该约束为整数约束。服务时间约束表示资源执行一个任务所需要消耗的具体时间长度，该约束为整数约束。转换时间约束表示一个资源从服务一个任务转换到该服务任务紧邻的下一个任务所需要消耗的时间（如成像卫星的姿态转换时间，无人机在不同的任务节点之间飞行需要消耗的时间等）。该约束为整数约束。资源占用约束为表示一个资源是否已被占用的约束。该约束为布尔变量。本书假设全部空天资源在同一时间节点上均仅能服务一个任务。

另外需要指出的是，本节所给出的约束为空天资源协同任务规划问题中包含的通用约束。其他各章节的专有约束可见各章节具体问题模型部分的描述。

2.1.4 协同方式界定

在面向空天协同的任务规划问题中，协同方式的设计是问题求解的重要环节。良好的协同方式设计应着重考虑如下特点：

（1）考虑到空天信息系统的指控方式存在的差异性，该协同方式应将两系统之间的任务规划过程解耦，以保证两系统内的任务规划过程尽量不产生外部影响。

（2）该协同方式应在满足条件（1）的前提下，在空基信息系统和天基信息系统任务规划问题间传递关键信息，以保障协同任务规划的相关性。

考虑到本书涉及多个不同系统间的协同问题，因此本书参照联合行动任务规划的概念，设计空天协同任务规划的协同方式。下面首先简单介绍联合行动任务规划概念。

文献 [112] 将联合行动任务规划的概念定义为：联合行动任务规划即使用在联合行动框架中的各种要素，构成一份联合行动任务规划及其随后的执行过程的活动。同时，联合行动任务规划的核心是任务和行动，其关键问题是在一定的时限内分配有限的资源，以获取完成任务流程的最佳效益。文献 [113] 指出，联合行动任务规划需要在一个指定的窗口给每个任务分配完成这一任务所必要的资源，每个任务执行都应在一确定地理位置，同时执行该任务所需要的资源都应在任务执行之前处于就绪状态。文献 [114] 指出，联合行动任务规划将行动要达到的效果表示为具体的任务陈述，采用"效果—节点—行动—资源"联动的方法，分析计划的行动和预期将要达到的效果之间的因果联系。图 2.3 展示了联合行动任务规划的概念。

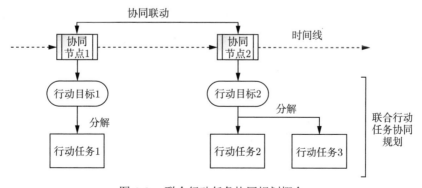

图 2.3 联合行动任务协同规划概念

参考图 2.3 中的设计，本书考虑在空天协同任务规划问题中，补充如下定义：

定义 2.9 节点（node）。它是指在空天协同任务规划方案中，用于执行任务所必要的时间点或时间段 $t_i \rightarrow a_j(t_i \in T, a_j \in \mathrm{AL})$。其中，$T$ 为协同规划问题中全部节点的集合。

通过以上定义，可最终得出基于节点的任务协同规划方式如图 2.4 所示。

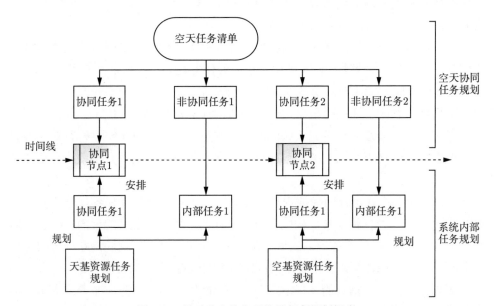

图 2.4 基于节点的空天协同任务规划概念

采用以上任务协同规划方式的优势主要包括：

（1）采用基于协同节点的协同方式，将协同问题转化为下层任务规划问题中的时间窗约束，从而满足了天基信息系统和空基信息系统规划问题解耦的需求。

（2）采用基于协同节点的协同策略在保证两系统任务规划问题相对独立进行任务规划的同时，不影响在不同的任务规划方案之间关键信息的传递。

（3）采用基于协同节点的信息传递方式，能够最大限度地保障协同过程对于任务底层规划逻辑的透明度，从而提高任务规划方法的工作效率。

由于节点对时间的敏感性，考虑到本书将问题进行了分段求解，且不同问题阶段均包含针对任务执行时间点或时间段的处理，为明确本书不同阶段的具体对象，给出以下关于时间节点的三个附加定义。

定义 2.10 任务总时长（total time consumption of task）。它是指在空天协同任务规划方案中，一个任务执行所需要的总时间。任务总时长包括任务执行所需要的时间、需要给任务之间的转换预留的时间，以及其他可能时间。

定义 2.11　任务执行时长（execution time consumption of task）。 它是指在空天协同任务规划方案中，任务执行所需要的实际时长。

定义 2.12　辅助活动时长（association time consumption of task）。 它是指在空天协同任务规划方案中，与任务直接相关的辅助活动所需要的时长。

图 2.5解释了本书中的任务总时长、任务执行时长和辅助时长概念。显而易见，任务总时长等于任务执行时长加辅助时长。

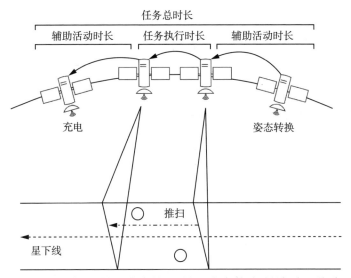

图 2.5　任务总时长、任务执行时长和任务辅助时长概念及关系

2.1.5　任务界定

在明确了协同机制的基础上，本节最后给出本书主要研究的任务类型的定义如下：本书考虑的任务类型主要为成像任务。图 2.6 展示了一个本书涉及任务的简单案例。

另外需要指出的是，考虑到无人机集群的任务执行过程与无人机路径规划密不可分，因此本书还将路径规划任务纳入研究范围。本书考虑的无人机集群任务规划形式如图 2.7 所示。

需要额外指出的是，本书不考虑无人机集群在执行完成像任务后的返程问题。其主要原因是该部分与空天资源任务规划问题并不存在非常直接的关联，且可通过简单地增加返程目标点解决，因此不再特别陈述。另外，在区域目标内部的航迹规划问题由于存在较丰富的研究，因此本书不做过多深入的介绍。

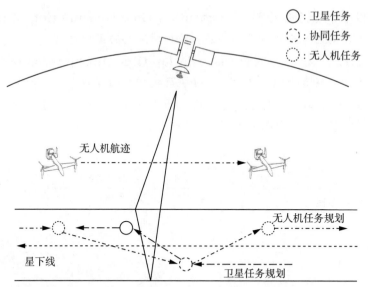

图 2.6   面向空天资源的智能任务规划问题简单案例

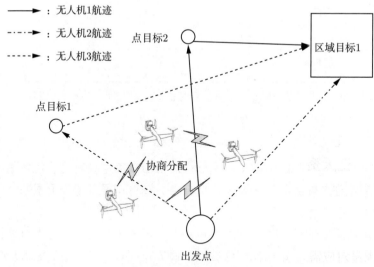

图 2.7   针对空基资源的任务规划形式

2.2   求解框架

在问题定义的基础上，本书首先对空天资源任务规划问题进行了分解，并设计了对应的概念框架，如图 2.8 所示。

根据以上定义，最终给出空天资源协同任务规划问题四个阶段的具体定义如下：

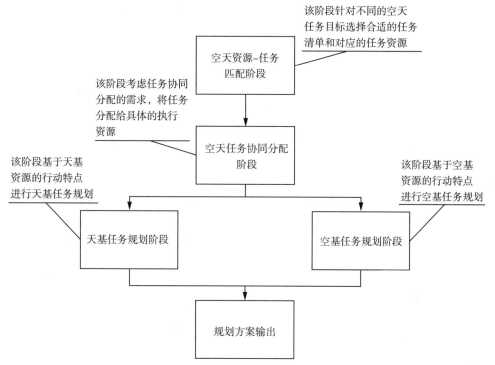

图 2.8 面向空天资源的智能任务规划问题概念框架

2.2.1 空天资源-任务匹配阶段

空天资源-任务匹配阶段是空天资源协同任务规划问题的第一步。该阶段主要处理的内容为在接收到用户的空天信息需求后，采用何种资源以及哪些任务清单满足用户需求的问题。该阶段的主要需求是在接收到用户需求后，针对当前系统内资源和大量对应需求中具体目标的任务清单进行快速处理，筛选出符合用户需求的任务清单列表。同时，考虑到后续的任务分配和方案优化阶段的需求，需要给清单任务的执行留出充足的预留空间。该阶段的输入为空天信息需求、空天任务清单列表以及空天信息系统资源，输出为确定的空天任务清单集合和对应的空天资源集合。

2.2.2　空天任务协同分配阶段

空天任务协同分配阶段是空天资源协同任务规划问题的第二步。该阶段主要处理的内容为在接收到空天资源-任务匹配方案后，结合当前系统内资源的具体情况以及空天资源协同任务规划的其他需求，以充分利用系统资源、提高任务清单执行的鲁棒性为前提条件，将清单中的任务分配给对应的空基和天基任务资源。同时，需要考虑空天信息系统间的协同合作问题，确定对应的协同节点。该阶段的输入为空天任务清单集合以及空天信息资源集合，输出为独立的空基信息系统和天基信息系统需执行任务列表、任务执行时间，以及对应的任务需求资源。

2.2.3　天基任务规划阶段

在空天资源任务规划问题中，天基资源是任务的主要执行资源。天基资源具有信息获取速度快、信息获取不受空间条件制约等显著优势。因此，在空天资源协同任务分配方案的基础上，如何通过合理地调整天基任务执行方案，充分发挥天基信息系统的效能，是本书的另一研究重点。该问题需要着重考虑天基任务执行方案的主要特征，在平衡天基任务执行资源用量和天基任务执行收益的基础上，制定合理的天基任务执行方案。该阶段的输入为空天任务协同任务分配阶段选择的天基任务以及天基任务资源，输出为天基信息系统任务规划方案。

2.2.4　空基任务规划阶段

在空天资源任务规划问题中，空基资源是另一类重要的任务执行资源。本书主要面向以无人机集群为代表的空基资源，研究其协同任务规划问题。空基资源的主要特征是部署灵活、任务响应速度快。因此，本书在空天资源协同分配方案的基础上，重点考虑了空基资源的智能规划问题。该问题的核心是如何通过对空基资源控制系统进行优化，以提高空基资源的任务执行效能。该阶段的输入为空天任务协同任务分配阶段选择的空基任务以及空基任务资源，输出为空基信息系统任务规划方案以及路径规划结果。

各部分之间的信息流如图 2.9 所示。该求解框架的主要内容如图 2.10 所示。以下对各部分内容分别进行介绍和分析。

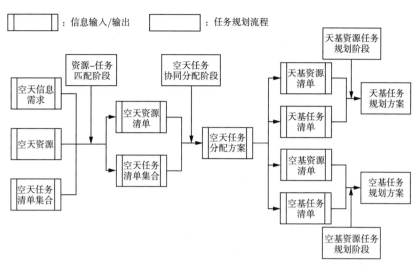

图 2.9 面向空天资源的智能任务规划问题信息流

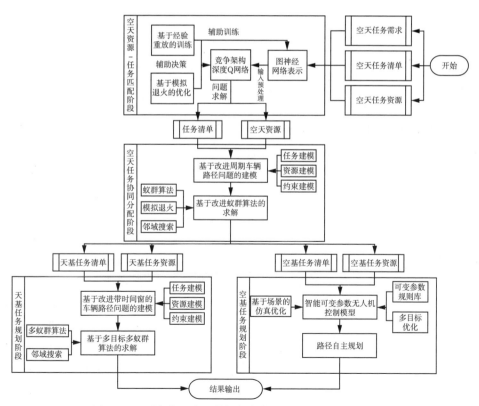

图 2.10 面向空天资源的智能任务规划问题求解方法架构

2.3　问题分析

2.3.1　空天资源-任务匹配问题

2.3.1.1　问题描述

空天资源-任务匹配问题所需要解决的核心问题是空天信息需求、空天任务清单和空天任务资源的快速匹配问题，该问题的基础概念如图 2.11 所示。

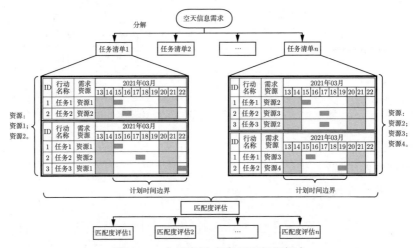

图 2.11　空天资源-任务匹配问题概念

在本问题中，任务清单-资源组合的匹配度由该组合完成当前需求所需要的时间决定。本书认为，任务清单-资源组合的总完成时间越短，则代表该组合与目前的空天信息需求的匹配度越高。其主要原因是在后续的空天任务协同分配和各系统独立的任务规划问题中，考虑到鲁棒性调度的需求，需要给对应的任务添加冗余执行时间和冗余动作，以保证计划的顺利执行。因此，需要在任务协同规划的开始阶段选择总执行时间尽量少的任务清单-资源组合。因此本问题可用图 2.12 表示。

为解决该问题，本书设计了基于深度学习的资源-任务智能化匹配技术。该技术首先将资源-任务智能匹配问题建模为一个作业车间调度（job shop scheduling, JSS）问题。在该问题中，空天信息资源被高度抽象为作业车间问题中的机器，任务清单被抽象为作业车间调度问题中的工件，不同任务清单中的任务被抽象为作业车间调度问题中的工序，任务的总执行时间则被建模为工序的加工时间。考虑到上文所述空天资源的任务匹配问题的核心问题，本章所描述的资源快速匹配模型中，以总完工时间最短为优化目标。通过该方法，能够依据空天信息需求，对任务清单和资源进行快速筛选。

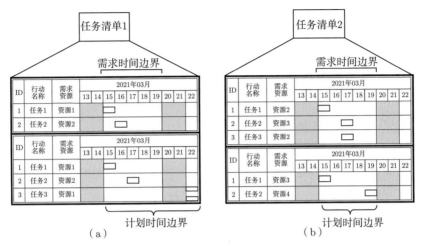

图 2.12 空天资源-任务匹配问题案例

（a）不可行任务清单；（b）可行任务清单

2.3.1.2 问题难点分析

该问题的求解难点主要包括：

（1）低计算代价的空天资源-任务匹配问题求解。在空天资源-任务匹配问题中，针对同一个空天协同任务目标，可能存在多个能够完成该目标的空天任务清单；同时，由于空天信息系统规模的扩张，能够完成同一个任务清单的空天信息资源集合同样存在多个不同的可能性，从而导致空天任务-资源匹配问题面临维度爆炸危险，如图 2.13 所示。因此，需要针对性地设计快速高效的求解算法，对本问题进行求解。

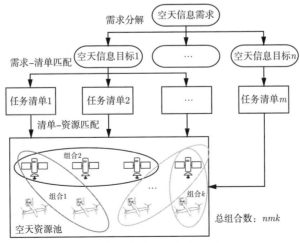

图 2.13 空天资源-任务匹配问题的维度爆炸问题

（2）空天任务-资源匹配问题表示。良好的问题表示形式能够充分利用来自问题本身的特征信息，从而达到辅助求解，降低求解计算代价的目的。由于本问题中对算法计算时间的要求较高，因此如何设计合理的空天任务-资源匹配问题模型，成为本书的另一个重要问题。

2.3.2 空天任务协同分配问题

2.3.2.1 问题描述

空天任务协同分配问题在确定的任务清单-资源匹配方案的条件下，通过智能优化方法构建对应的任务节点网络。任务节点网络应主要包含如下内容：① 每个节点对应的空天任务；② 每个节点对应的空天资源；③ 每个节点对应的任务执行时刻。同时，考虑到空天任务协同分配问题中对任务鲁棒性的要求，需要在确定的任务清单和空天资源的基础上，对任务网络中的任务添加对应的冗余任务，在不违背任务清单的执行约束的基础上，增加任务清单执行的成功率。该问题的主要工作如图 2.14 所示。

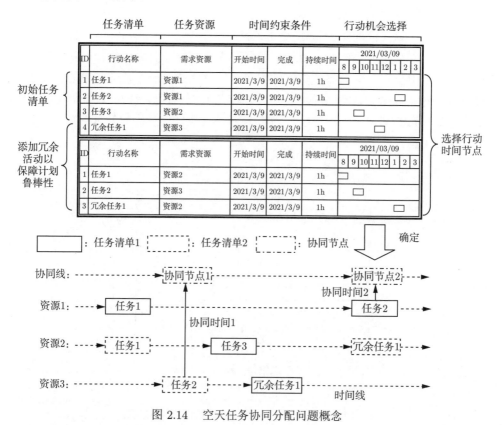

图 2.14　空天任务协同分配问题概念

如图 2.14 所示，在选择任务清单中的行动的具体执行节点时，需要注意如下问题：① 资源的可用余量；② 客户对任务执行时间的约束限制；③ 需要在当前可用资源集合的基础上，增加相应的冗余行动，以保障任务清单的可行性。该问题的主要约束包括任务执行资源的执行能力约束以及任务清单中的行动的协同时间窗约束。

为解决该问题，该问题被建模为一类特殊的周期车辆路径问题。该模型可通过图 2.15 表示。

ID	行动名称	需求资源	开始时间	完成	持续时间	2021/03/09							
						8	9	10	11	12	1	2	3
1	任务1	资源1	2021/3/9	2021/3/9	1h	□							
2	任务2	资源2	2021/3/9	2021/3/9	1h				□				
3	任务3	资源1	2021/3/9	2021/3/9	1h							□	
4	冗余任务1	资源1	2021/3/9	2021/3/9	1h						□		

→ ：资源1服务路径   ----▶ ：资源2服务路径

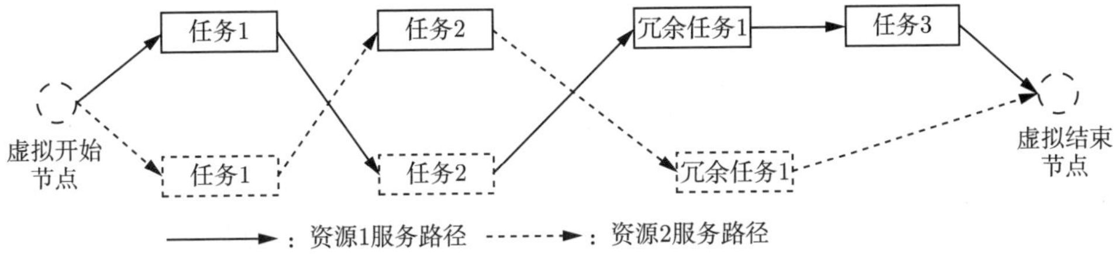

ID	行动名称	需求资源	开始时间	完成	持续时间	2021/03/09							
						8	9	10	11	12	1	2	3
1	任务1	资源2	2021/3/9	2021/3/9	1h				□				
2	任务2	资源1	2021/3/9	2021/3/9	1h				□				
3	冗余任务1	资源2	2021/3/9	2021/3/9	1h							□	

图 2.15 空天任务协同分配问题案例

在该模型中，空天资源被建模为带客户服务能力限制的特殊车辆，空天任务被处理成特殊的带周期和时间窗约束的客户节点。空天资源在不同的任务之间的转换时间被建模为车辆在节点之间的旅行时间。对客户的服务需要消耗对应资源的客户服务能力，从而完成了空天资源任务分配问题向车辆路径问题的转换。考虑到空天任务鲁棒性调度的需求，本模型在经典周期车辆路径问题的基础上，增加了对应的总服务频次优化目标。

2.3.2.2 问题难点分析

空天协同任务分配问题考虑的主要问题是空天任务协同规划问题的鲁棒性以及空天客户服务成本的平衡。该问题可通过图 2.16 表示。

图 2.16 显示出本问题的一个典型冲突：通过增加冗余活动的形式提升任务规划的鲁棒性，会提高服务成本（包括增加额外的服务资源或增加额外的转换时间等）；而降低服务成本则会影响规划的鲁棒性。因此，如何在计划鲁棒性和服务成本之间做取舍，形成兼顾鲁棒性和服务成本的规划方案，是本书需要着重考虑的问题。

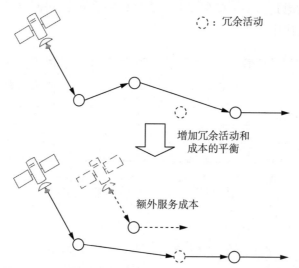

图 2.16　空天任务协同分配问题中服务频次和服务成本的平衡

另外，考虑到空天协同任务分配问题的规模和计算复杂度需求，耗时较高的确定性算法显然不适用于该问题。因此，如何针对性地设计有效的启发式算法，是本书需要着重考虑的另一个问题。

2.3.3　天基资源任务规划问题

2.3.3.1　问题描述

在天基资源任务规划问题中，给具体任务分配合理的总可用执行时长是一个具有重要意义的问题。图 2.17 展示了任务可用执行时长影响任务能否成功的典型案例。

因此，为了保证空天任务规划方案的有效执行，需要针对天基资源任务规划中的任务执行时长分配问题作出优化。本书将天基资源任务规划问题定义为在确定的任务执行频次和任务执行资源的条件下，考虑任务执行时长的最优化问题。图 2.18 展示了天基资源任务规划问题的一个简单案例。

如图 2.18 所示，天基资源任务规划问题在方案中的每个行动的总时长限制以及客户需求的行动时间窗限制的基础上，通过调整分配给每个行动的任务执行时长，以产生具有更高的鲁棒性和灵活性的天基资源任务规划方案。为解决该问题，本书将该问题建模为一个特殊的带时间窗的车辆路径问题。在该模型中，天基资源被建模为一系列虚拟车辆，每台虚拟车辆具有对应的虚拟客户服务能力。天基任务被建模为带时间窗的客户节点，任务之间的转换时间被建模为客户节点之间的旅行时间。考虑到天基资源任务规划问题对任务执行时长的敏感性，本书将总服务时长的最大化作为新的目标加入该问题模型。同时，该模型还具有经典的服务成本最小化目标。

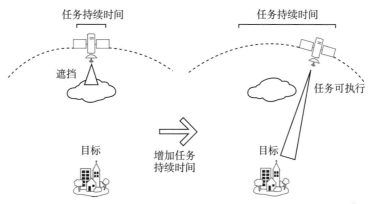

图 2.17 任务可用执行时长影响任务成功率的案例

任务清单1:

ID	行动名称	需求资源	开始时间	完成	持续时间	2021/03/09							
						8	9	10	11	12	1	2	3
1	任务1	资源1	2021/3/9	2021/3/9	1h								
2	任务2	资源1	2021/3/9	2021/3/9	1h								
3	任务3	资源2	2021/3/9	2021/3/9	1.5h								
4	冗余任务1	资源3	2021/3/9	2021/3/9	1h								

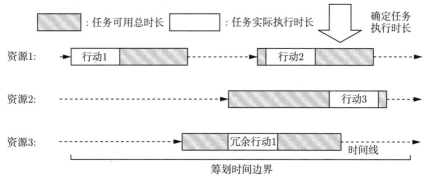

图 2.18 天基资源任务规划问题案例

2.3.3.2 问题难点分析

天基资源任务规划问题的主要关注点是任务总执行时长和任务服务成本之间的关系，天基资源任务规划问题中增加服务时长影响服务成本的典型案例如图 2.19所示。

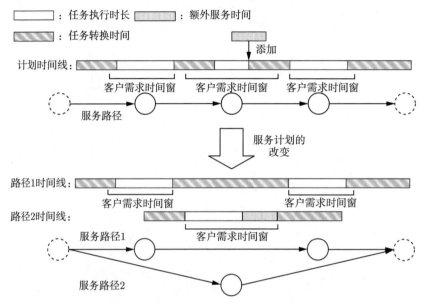

图 2.19 天基资源任务规划问题中服务时间和服务成本的平衡

如图 2.19 所示，在增加客户服务时长的同时，由于任务间转换时长的存在，增加客户服务时长可能导致服务成本的上升。因此，在求解天基资源任务规划问题时，需要对任务的执行时长和执行成本进行统筹考虑。

同时，由于本问题是带时间窗的车辆路径问题的扩展，因此属于典型的 NP-hard 问题。考虑到天基资源任务规划问题的规模较大，提升算法的计算效能同样是本书需要着重考虑的问题。

2.3.4 空基资源任务规划问题

2.3.4.1 问题描述

本书以自组织无人机集群为对象，研究了空基资源的任务规划问题。空基资源任务规划的核心问题为如何在空天资源任务分配方案给定的任务资源和任务执行时间节点的条件下，通过自组织无人机集群的内部协商，对任务执行的航迹作出合理规划。空基资源任务规划问题的概念模型如图 2.20 所示。

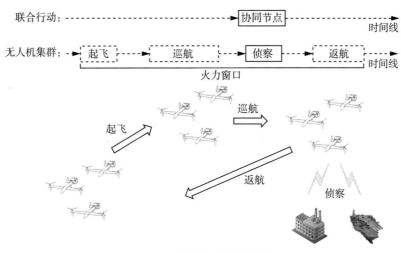

图 2.20　空基资源任务规划问题

需要额外指出的是，由于无人机平台在到达任务目标所在区域时，可以通过盘旋来延迟任务的执行时间，因此无人机集群在进行任务规划时，仅需要考虑如何在最短时间内到达目标区域即可。

2.3.4.2　问题难点分析

自组织无人机集群的任务规划问题的核心难点在于，通过合理的无人机集群控制策略设计，使无人机集群能够通过自组织方式完成空基资源任务规划。本书主要关注该问题中的如下方面：① 无人机集群在不同任务目标点之间的飞行速度问题；② 无人机集群的队形保持问题；③ 无人机集群的避障能力。其中，考虑队形保持问题的主要原因是由于无人机之间存在通信范围限制，保持无人机集群中的个体处于编队通信范围内能够有效保证无人机集群的群体可操控性，如图 2.21 所示。该问题的主要难点包括：

（1）无人机集群的环境可适应性问题。本书面向的无人机集群为自组织无人机集群，其特点为在不接受指控中心命令的条件下，无人机个体能够仅通过其本身的传感器采集到的信息（障碍物信息，周边其他无人机的位置、速度和飞行方向信息），自主决定任务的执行序列和飞行方向。因此，如何设计无人机集群控制模型，使无人机集群中的个体在去中心化组织结构且仅掌握有限环境信息的条件下，仍能够有效完成空基任务，是本书需要着重考虑的问题之一。

（2）无人机集群的参数调优问题。在无人机集群控制问题中，采用可变参数是保证无人机集群控制有效性的重要手段。因此，如何设计无人机集群的参数调优方法，有效保证无人机集群控制模型参数的优化性能，同样是本书需要重点考虑的问题。

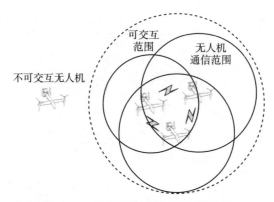

图 2.21   无人机集群的群体可操控性

2.4   本章小结

本章主要给出了面向空天资源的智能任务规划方法的理论框架。同时，针对该框架中的每个关键问题分别进行了定义。在问题定义的基础上，针对每个问题的难点给出了具体分析，为后续的问题求解提供了方向。

第3章

优化算法基本常识

3.1　深度 Q 网络简介

深度 Q 网络（DQN）是一类重要的强化学习方法。因此，在介绍深度 Q 网络之前，有必要简单介绍一下强化学习中的一些基本概念。

强化学习是一类指导智能体求解需要在与环境交互的过程中求得最大回报的决策问题的机器学习方法。使用强化学习方法求解优化问题时，存在四个决定性的基本要素：状态（state）、策略（policy）、行动（action）、奖励（reward）。其中，状态包含了做出决策时环境所包含的信息；策略是指用于指导决策行为的方法；行动是指智能体在当前状态下能够做出的行为；奖励则是指智能体做出相应的行动后得到的收益。一个强化学习四要素的简要介绍如图 3.1 所示。

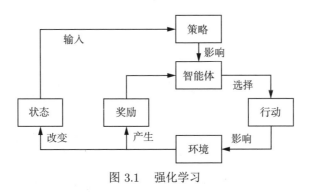

图 3.1　强化学习

以一个简单的旅行商问题为例，在一个旅行商问题中，状态可定义为全部客户节点的位置、已访问的客户节点的集合以及旅行商当前所在的城市三部分信息的集合。策略可定义为选择下一个待访问客户节点的方法。行动可定义为旅行商从当前城市出发，到达下一个待访问城市的行为。奖励则可定义为城市间的距离。

从图 3.1 不难看出，强化学习求解优化问题的主要目的，即是学习得到一组合理的策略，该策略能够通过输入的环境状态，得到对应的最优行动。在强化学习中，一种经典的策略表示方式是采用 Q 表格（Q-table）。

图 3.2 展示了一个典型的 Q 表格。在该表格中，存在 3 种不同的输入状态，每种输入状态下均存在 4 种不同的动作。强化学习方法对 Q 表格中不同状态下行动的评分进行学习，从而最终得到一组针对当前环境的最优动作选择策略。

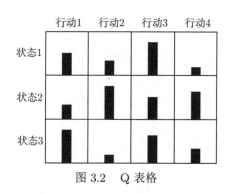

图 3.2   Q 表格

然而，Q 表格方法表示的策略具有一个显著的缺陷：当问题的状态和行动的组合极多或不可穷尽时（这一点在组合优化问题上很常见），采用 Q 表格方式将无法获得最优的"状态-行动"策略。为解决这一问题，Mnih 等[115] 提出了深度 Q 网络的基本概念。

深度 Q 网络采用一个深度神经网络（DNN）来代替强化学习方法中经典的 Q 表格。该网络的输入为当前状态转化而成的向量，输出则为在该状态下对应的不同行动的评分。在得到不同行动对应的评分后，只需要采用简单的贪婪原则选取最高评分所对应的行动，即可完成对优化问题的求解。一个简单的深度 Q 网络如图 3.3 所示。

由图 3.3 可以看出，采用深度 Q 网络方法求解优化问题，实质上是将优化问题转化为一个采用深度神经网络拟合行动与状态的组合所能够获得的奖励的问题。在此基础上，只需要在问题的每一步选择深度神经网络预测能够获得最大奖励值的行动，即可完成问题的求解。

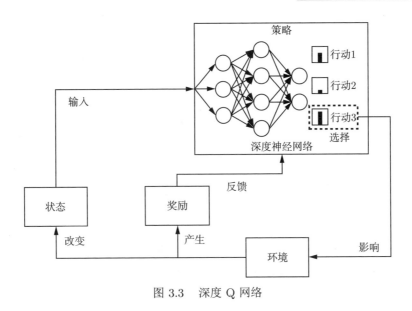

图 3.3 深度 Q 网络

3.2 蚁群算法简介

蚁群算法是一种模拟蚂蚁的觅食行为设计的优化算法。该算法首先在意大利学者 Dorigo 博士的博士论文[79] 中提出。在该论文中，Dorigo 博士提出了蚂蚁觅食行为中的一个有趣现象：作为一种仅具有极低的有限智能的生物，蚂蚁能够通过极为简单的随机探索和信息交互，在不熟悉的环境中快速找到一条通往食物源的最佳通路。一个典型的案例如图 3.4 所示。

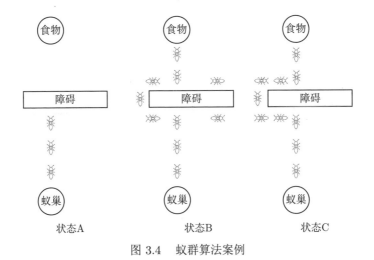

图 3.4 蚁群算法案例

在图 3.4 中，状态 A 为初始状态。蚂蚁从蚁巢出发并向可能存在食物的方向前进。当遇到障碍时（如图 3.4 的状态 B 所示），蚂蚁需要选择从何方向绕过障碍。蚂蚁选择绕过障碍的方向的主要依据是路径上的信息素（pheromone）浓度。在搜索的开始阶段，由于路径上未遗留信息素，因此蚂蚁会随机选择一个方向进行探索。在搜索的过程中，蚂蚁会在经过的路径上遗留下一定数量的信息素。随着搜索过程的进行，蚁巢和食物之间最短的路径上会留下更多的信息素，其原因是最短路径上的蚂蚁往返速度更快，因此累积的信息素数量更多。在搜索的完成阶段，全部蚂蚁会逐渐聚集到一条信息素浓度最高的路径上，从而完成了最短路径的搜索（如图 3.4 状态 C 所示）。

蚁群算法通过模拟以上过程在优化问题的问题空间中搜索并逐步改进可行解，具体是指：首先，设存在一个包含 n 个决策节点的问题 Q，每个决策节点至多能够采取 m 个动作。设动作 a_j^i 代表在决策节点 i 采取动作 j，则一个针对问题 Q 的可行解 S 可表述为 $S = \{a_j^1, a_j^2, \cdots, a_j^n\}$。与可行解 S 相关的决策收益可定义为 C。在此基础上，蚁群算法通过如下过程对问题进行求解。

在蚁群中，通常包含 AN 只人工蚂蚁。在问题求解的开始阶段，将一只人工蚂蚁 ant 的状态进行初始化，并开始逐步构建解。在构建解的每一步，人工蚂蚁均依照概率公式 (3.1) 选择在本决策节点应采取的动作。

$$P(sk) = \frac{(\tau_{ijsk})^\alpha (\eta_{ijsk})^\beta}{\sum\limits_{sk}^{m} (\tau_{ijsk})^\alpha (\eta_{ijsk})'^\beta} \tag{3.1}$$

其中，s 为当前决策阶段；i 为 s 的上一个决策阶段；j 代表在决策阶段 i 选择了动作 j；$P(sk)$ 为在决策阶段 s 选择动作 k 的概率；τ_{ijsk} 为积累在决策路径 $\langle a_j^i, a_k^s \rangle$ 上的信息素的数量；η_{ijsk} 为决策路径 $\langle a_j^i, a_k^s \rangle$ 上的启发式信息，通常由算法设计者根据经验设计；$\{\alpha, \beta\}$ 为控制参数，分别代表了启发式信息和信息素信息的重要性程度。

经过 n 步决策，人工蚂蚁 ant 完成了解的构建，并得到了可行解 S_{ant} 和与该可行解对应的收益 $\Delta\eta_{ijsk}^t$。

在全部 AN 只人工蚂蚁均完成解的构建后，蚁群算法按照式 (3.2) 更新其信息素矩阵。

$$\eta_{ijsk}^{t+1} = (1-\rho)\eta_{ijsk}^t + \Delta\eta_{ijsk}^t \rho \tag{3.2}$$

其中，η_{ijsk}^t 为第 t 代时在决策路径 $\langle a_j^i, a_k^s \rangle$ 上积累的信息素的量；ρ 为信息素蒸发系数，代表每次迭代，积累在决策路径 $\langle a_j^i, a_k^s \rangle$ 上的信息素均进行等比例衰减；$\Delta\eta^t_{ijsk}$ 为第 t 代时决策路径 $\langle a^i_j, a^s_k \rangle$ 上的信息素增量，$\Delta\eta^t_{ijsk}$ 可通过式 (3.3) 计算。

$$\Delta\eta^t_{ijsk} = \sum_{\text{ant}}^{\text{AS}} f\left(C_{\text{ant}}\right) x^{\text{ant}}_{ijsk} \tag{3.3}$$

其中，$f\left(C_{\text{ant}}\right)$ 为根据决策收益 C_{ant} 计算得到的信息素残留的量；x^{ant}_{ijsk} 为一个 $\{0,1\}$ 变量，若 S_{ant} 中包含决策路径 $\langle a^i_j, a^s_k \rangle$，则 $x^{\text{ant}}_{ijsk} = 1$，否则 $x^{\text{ant}}_{ijsk} = 0$。

在经过 T 步迭代后，蚁群算法收敛，并输出在 T 步迭代后找到的最优解。蚁群算法的简明流程图如图 3.5 所示。

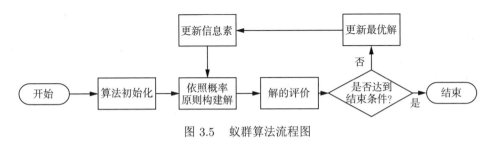

图 3.5　蚁群算法流程图

3.3　模拟退火算法简介

模拟退火算法是模拟自然界中金属物理退火过程的一类启发式优化方法。在自然界的金属退火过程中，首先将固体金属加热到较高温度，使金属获得一定的内能。在该温度下，金属中的粒子趋于无序状态。然后使金属缓慢降温，在降温的过程中，金属中的粒子逐渐失去内能，同时状态趋于有序。最终，金属在常温下达到基态，内能减为最小。在合理控制降温速度的情况下，金属固体内部的粒子会由最初的较无序状态逐渐转化为内能最低的结晶态。一个简明退火过程可由图 3.6 表示。

模拟退火这一概念最早由美国物理学家 Metropolis 等人于 1953 年提出，用于模拟计算多分子系统中的能量分布。1983 年，Kirkpatrick 等[99] 首次将该概念应用于组合优化领域，并采用模拟退火算法（simulated annealing, SA）求解了旅行商问题。下面简要描述模拟退火算法的主要流程。

设存在一个优化问题 Q，针对优化问题 Q 的一个可行解被定义为 S，与可行解 S 相关的决策收益可定义为 C。设在本问题中，决策收益越小越好，则模拟退火算法通过如下流程对问题进行求解：

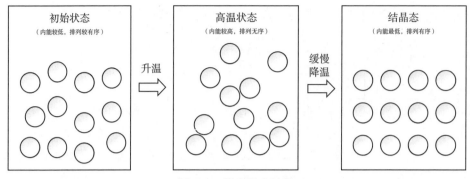

图 3.6 物理退火过程

首先，算法初始化并产生一个初始解 S_0，初始解一般通过启发式算法或者随机算法产生。其次，对该解进行评价，得到该解的决策收益 C_0。再次，采用邻域搜索算法对解 S_0 进行改进，得到新可行解 S_1，并计算针对解 S_1 的决策收益 C_1。最后，通过式 (3.4) 计算解的改进质量。

$$\Delta C = C_0 - C_1 \tag{3.4}$$

若 $\Delta C \leqslant 0$，即解 S_1 优于解 S_0，则接受解 S_1 作为当前解，并继续对解 S_1 进行改进。若 $\Delta C > 0$，即解 S_1 劣于解 S_0，则采用式 (3.5) 计算解 S_1 能够被接受的概率。

$$P\left(S_1\right) = \exp\left(-\Delta C \setminus t\right) \tag{3.5}$$

其中，t 为当前温度。该原则一般也被称为 Metropolis 原则。模拟退火算法每迭代一次，则当前温度 t 根据式 (3.6) 衰减。

$$t' = t \cdot k \tag{3.6}$$

其中，k 为降温系数。当当前温度 t 达到预先设定的最低温度 T 时，算法结束，并输出搜索过程中找到的最优解。图 3.7 给出了模拟退火算法的简明流程说明。

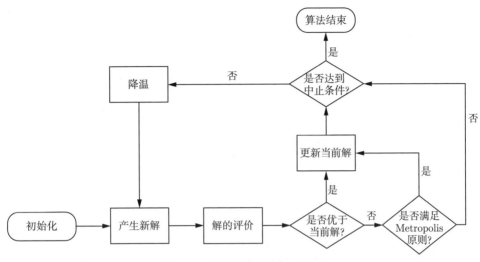

图 3.7　模拟退火算法简明流程

3.4　本章小结

　　本章针对本书所采用的三类优化算法：深度 Q 学习方法、蚁群算法以及模拟退火算法给出了基本的流程和原理的介绍，并描述了这三类算法中的关键步骤。本章内容有助于读者在后续章节中快速理解求解相关空天资源任务规划问题所设计的算法的基本设计逻辑。

第4章

基于深度学习的资源-任务智能化匹配技术

基于深度学习的资源-任务智能化匹配技术首先将空天资源-任务匹配问题建模为一个典型作业车间调度问题。在该模型基础上，设计基于图神经网络和深度双重 Q 学习的方式对该问题进行求解。该方法首先采用图神经网络方式对空天资源-任务匹配问题进行特征提取，通过该方法能够将空天资源-任务匹配问题实例转化为适应于深度双重 Q 学习方法的向量输入。以此为基础，采用双重深度 Q 学习方法，对该问题进行求解。该方法的框架如图 4.1 所示。

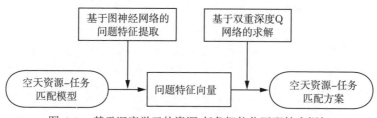

图 4.1   基于深度学习的资源-任务智能化匹配技术框架

4.1   基于作业车间调度的问题描述

使用图神经网络方法对空天资源-任务匹配问题进行特征提取，首先需要针对空天资源-任务匹配问题建立相应的图模型。建立合理的图模型有利于提高模型的训练速度，同时提升模型训练的准确度。本章首先将空天资源-任务匹配问题转化为一个典型作业车间调度问题。该过程如下：

4.1.1 空天资源-任务匹配问题的图模型

在本书中，采用基于作业车间调度问题的图模型来建模空天资源-任务匹配问题。一个典型的作业车间调度问题模型[116] 可通过如下方式描述：

（1）存在一个包含 m 台机器的机器集合集合 $M = \{m_1, m_2, \cdots, m_m\}$。

（2）存在一个包含 n 个工件的工件集合 $N = \{j_1, j_2, \cdots, j_n\}$。

（3）针对每个工件 n，存在与 n 相关的工序集合 V。

（4）针对工件 n 的工序集合 V 中的每个工序 $o_{(n,v)}$ $(v \in V)$，都需要在一个确定的机器 m 上进行加工。

（5）每个工序的加工时间 $t_{(n,v)}$ 均为一个已知的限制条件。

（6）每个工序的加工完成时间可记作 CT_{ji}。

针对作业车间调度问题还包括如下常规假设：

（1）每个工件和每台机器在计划开始前都已准备就绪；

（2）每个工件的每个工序以及工序的加工顺序均已事先给定；

（3）每台机器在同一时间只能处理一道工序；

（4）每道工序一旦开始处理即不可停止；

（5）每个工件和每台机器之间均相互独立；

（6）每台机器的工作转换时间和工件在不同机器之间转换的时间均可忽略。

最终优化目标如下：

$$\text{minimize} \max \mathrm{CT}_{ji}, i \in n, j \in n \tag{4.1}$$

该优化目标表示使最大加工完成时间（makespan）最小化。

结合第 2.3.1节的分析不难看出，空天资源-任务匹配问题和作业车间调度问题存在极大的相似性，因此，本章采用基于作业车间调度的数学模型描述空天资源-任务匹配问题，该过程如图 4.2 所示。

在图 4.2 中，空天资源被高度抽象为作业车间问题中的机器，空天任务清单被抽象为作业车间调度问题中的工件，任务清单中的任务则被抽象为工件的加工工序。需要额外指出的是，在空天资源-任务匹配问题中，每个任务的执行时间为任务总时长，即包含任务执行时长和辅助活动时长的全部时长，因此空天资源-任务匹配问题的作业车间调度模型同样满足作业车间调度问题的问题假设（6）。

以上问题模型将空天资源-任务匹配问题转化为一个典型的作业车间调度问题，从而使本问题能够通过作业车间调度问题的图模型进行描述。在运筹学领域，主要用经典的邻接图模型来描述作业车间调度问题：在邻接图模型中，每个节点代表一个工件中的一个工序，每个工件的相邻工序以有向边连接，存在两个虚拟节点开始节点 0 和结束节点 1 用于表示任务的开始和结束。每条边上均附带一个权值,用于表示该零件加工所需要的时间。一个经典的作业车间调度问题邻接图[117] 表示如图 4.3 所示。

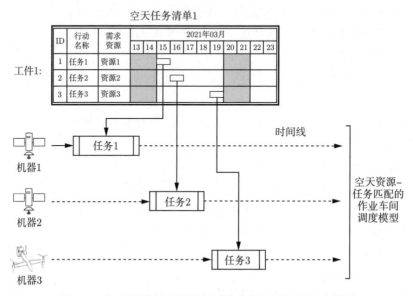

图 4.2   空天资源-任务匹配问题的作业车间调度模型描述

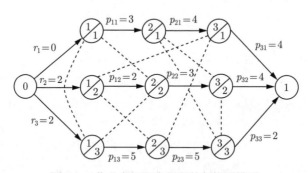

图 4.3   作业车间调度问题的邻接图模型

在图 4.3 中,虚线代表可以分配到不同机器上加工的步骤。需要指出的是,使用邻接图模型表示作业车间调度问题,存在以下两个不足:首先,不能很好地表示零件的加工时间以及在同一个机器上加工不同的零件时需要的等待时间;其次,不能很好地表示不同工件在不同机器上的加工顺序。因此,为了构建能够更好地被深度学习和强化学习方法识别的空天资源-任务匹配问题模型,本书提出了一种新的空天资源-任务匹配问题图模型。

4.1.2　空天资源-任务匹配问题的向量表示

在一个空天资源-任务匹配问题模型中,主要包含如下信息:N 个任务清单需要在 M 个资源上进行处理。其中,每个任务清单 $n \in N$ 必须按照一个包含 V 个任务的特定顺序 $o_{(n,v)}$ $(v \in V)$ 在不同的资源上进行处理。每个任务清单的每个任务均对应一个特定的任务时长 $t_{(n,v)}$。

为了使用图神经网络求解空天资源-任务匹配问题模型,首先需要将空天资源-任务匹配问题模型转化成对应的图模型表示。通过其数学描述可以得出,一个空天资源-任务匹配问题主要包括如下要素:不同任务清单中的任务的处理顺序 $o_{(n,v)}$,用于处理任务的资源 m,不同任务的处理时长 $t_{(n,v)}$,以及安排在同一资源上处理的任务之间的等待时间 $\mathrm{wt}_{\left(o_{(n,v)} \to o_{(k,v)}\right)}$。因此,在本书中,空天资源-任务匹配问题模型主要通过下面的图模型进行表示。

一个空天资源-任务匹配问题实例可以通过有向赋权图 G 表示。其中,任务节点 $o_{(n,v)} \in O, (v \in V,\ n \in N)$ 包括全部任务清单中的任务;资源节点 $m \in M$ 包含全部资源;由任务节点 $o_{(n,v)}$ 指向资源节点 m 的带权边 $\mathrm{et}_{(n,v,m)}$,其权值为该任务所需要的处理时长 $t_{(j,v)}$;由资源节点 m 指向任务节点 $o_{(n,v)}$ 的带权边 $\mathrm{wt}_{(m,n,v)}$,其权值为在当前解状态下由该资源处理该任务所需要的等待时间 $\mathrm{wt}_{\left(o_{(n,v)} \to o_{(n,v)}\right)}$;虚拟开始节点 0 以及虚拟结束节点 1,分别代表计划的开始时间和最终的结束时间。图 4.4 展示了一个本书所描述的空天资源-任务匹配问题图模型的案例。

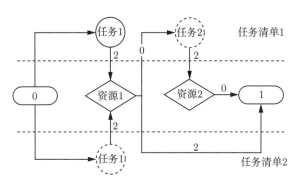

图 4.4　空天资源-任务匹配问题的图模型案例

在图 4.4 中,共包含两个任务清单,其中任务清单 1 包含两个任务,任务清单 2 包含一个任务,其中任务清单 1 的任务 1 已被安排加工。因任务清单 1 的任务 1 被优先安排到资源 1 上进行处理,因此任务清单 1 的任务 1 所需要的等待时间为 0,任务清单 2 的任务 1 需要的等待时间为 2。

4.2 基于图神经网络的问题特征提取

4.2.1 空天资源-任务匹配问题的图神经网络模型

通过 4.1 节所述的空天资源-任务匹配问题图模型，本书将一个空天资源-任务匹配问题实例转化为如图 4.5 所示的空天资源-任务匹配问题向量表示。

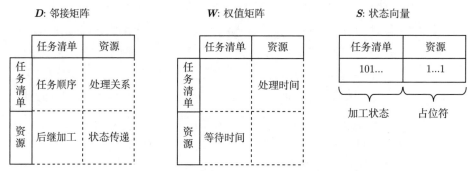

图 4.5 空天资源-任务匹配问题实例输入

在图 4.5 中，状态向量 S 为一个一维向量，代表每个任务清单被选择处理的情况，其长度为 $N \times M + M$。其中前 $N \times M$ 位代表每个任务清单中的任务顺序，取值为 $\{0,1\}$，后 M 位为占位符，用于表示每个资源，取值均为 1。状态矩阵 D 为一个 $N \times M + M$ 维的矩阵，其中，任务顺序部分用于表示空天资源-任务匹配问题的图模型中的 $o_{(n,v)}$。该部分矩阵的元素取值范围为 $\{0,1\}$，其中 1 代表该任务之间存在相邻关系，0 表示其他。处理关系部分代表任务和资源之间的对应处理关系，该部分矩阵的元素取值范围为 $\{0,1\}$，其中 1 代表该任务可由对应资源进行处理，0 表示其他。后继加工部分代表目前已安排的任务的加工顺序，该部分矩阵的元素取值范围为 $\{0,1\}$，其中 1 代表该资源在当前状态下可选择的任务，0 表示其他。权值矩阵 W 同样为一个 $N \times M + M$ 维的矩阵，其中处理时间部分的取值为 $t_{(j,v)}$，等待时间部分的取值为 $\mathrm{wt}_{(o_{(n,v)} \to o_{(n,v)})}$，其他部分均为 0。

4.2.2 空天资源-任务匹配问题的图神经网络训练

在以上标准化向量输入的基础上，本书采用图神经网络方法对当前状态和对应动作进行特征提取，将问题状态和可行动作转换为统一维度的向量输出。本书采用的图神经网络结构如图 4.6 所示。

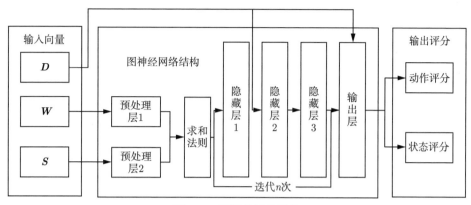

图 4.6 图神经网络结构

如图 4.6 所示，基于深度学习的资源-任务智能化匹配技术首先通过图神经网络将输入状态转化为对当前状态和可行动作的基础评分 $\hat{Q} \in \mathbb{R}^h$。该评分可用如下公式得到：

$$Q(S, D, W; \Theta) = \hat{Q} \in \mathbb{R}^h \tag{4.2}$$

其中，Θ 表示图神经网络中的全部可学习参数，h 为问题的维度，在本书中 $h = M \times N$。为得到该公式 $Q(S, D, W; \Theta)$，需要首先得到每个任务节点 $o_{(n,v)}$ 的表征向量 $\boldsymbol{\mu}_{(n,v)}$，该向量可通过如下公式表示：

$$\boldsymbol{\mu}_{(n,v)} = \begin{cases} \sigma\left(\boldsymbol{\theta}_1 S_{(n,v)} + F_1\left(\boldsymbol{\theta}_2 \sum_{D_{(k,i),(n,v)}=1} F_2\left(\boldsymbol{\mu}_{(k,i)}\right)\right) + \boldsymbol{\theta}_3 \max \sum_{D_{(k,i),(n,v)}=1} \boldsymbol{\theta}_4 W_{k,i}\right), n \geqslant 1 \\ \sigma\left(\boldsymbol{\theta}_1 S_{(n,v)} + \boldsymbol{\theta}_3 \max \sigma \sum_{D_{(k,i),(n,v)}=1} \boldsymbol{\theta}_4 W_{k,i}\right), n = 0 \end{cases}$$

$$\tag{4.3}$$

其中，σ 为激活函数 $\mathrm{ReLU}(c) = \max(0, c)$；$\boldsymbol{\theta}$ 为可学习参数，$\boldsymbol{\theta}_1, \boldsymbol{\theta}_2 \in \mathbb{R}^h$，$\boldsymbol{\theta}_3, \boldsymbol{\theta}_4 \in \mathbb{R}^{h \times h}$；$D_{(k,i),(n,v)} = 1$ 表示全部指向任务节点 $o_{(n,v)}$ 的邻居节点集合；F_1，F_2 为全连接层；max 表示维度的最大值。通过以上公式可知，每个任务节点 $o_{(n,v)}$ 的表征向量 $\boldsymbol{\mu}_{(n,v)}$ 主要包括三部分：① 节点自身的状态表征 $S_{(n,v)}$；② 该节点的邻居节点的节点表征 $\boldsymbol{\mu}_{(k,i)}$；③ 邻居节点的权值表征 $W_{k,i}$。

在通过 t 轮卷积后，本书通过任务节点 $o_{(n,v)}$ 的自身表征向量 $\boldsymbol{\mu}_{(n,v)}$ 和其邻居节点的表征向量 $\boldsymbol{\mu}_{(k,i)}$ 可得到最终评价公式 $Q(S, D, W; \Theta)$ 如下：

$$Q(S, D, W; \Theta) = \max \boldsymbol{\theta}_5 \sigma\left(\boldsymbol{\theta}_6 \boldsymbol{\mu}_{(n,v)} \oplus \boldsymbol{\theta}_7 \sum_{D_{(k,i),(n,v)}=1} \boldsymbol{\mu}_{(k,i)}\right) \tag{4.4}$$

其中，$\boldsymbol{\theta}_5 \in \mathbb{R}^h$，$\boldsymbol{\theta}_6, \boldsymbol{\theta}_7 \in \mathbb{R}^{h \times h}$，$\oplus$ 为向量的连接运算。通过以上模型，本书将空天资源-任务匹配问题的图模型转化为统一维度的表征向量，并作为后续的强化学习模型的输入。

4.3 基于双重深度 Q 网络的问题求解

在将空天资源-任务匹配问题实例转化为图模型表示的基础上，本书设计了双重深度 Q 学习网络 (double deep Q network, DDQN) 求解架构，用于对该问题进行求解。双重深度 Q 网络方法框架及问题求解过程如图 4.7所示。

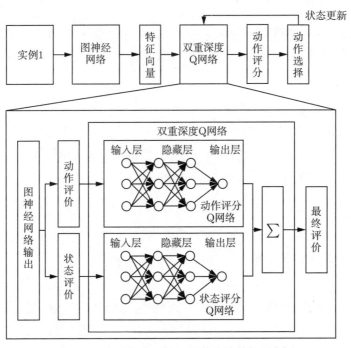

图 4.7   基于双重深度 Q 网络方法的问题求解

本方法首先将一个空天资源-任务匹配问题图和与当前状态相关联的部分解转化为三元组 $\{D, W, S\}$。然后，将该数据输入训练完成的 DDQN 中，最终输出为针对下一步可选动作的评分。本书通过贪婪法选择 DDQN 输出评分最高的 $o_{(n,v)}$ 作为下一步动作加入到当前部分解中，直到全部动作均加入部分解，即产生新的规划方案。

4.3.1 双重深度 Q 网络基本定义

为明确该求解框架的具体工作流程，本书首先给出在 DDQN 中的一系列基本定义。

状态（states）：本书中描述的强化学习的状态，是指包括一个确定的 JSS 问题图模型表示和当前部分解的三元组 $\{D, W, S\}$；

状态的转移（transition）：状态的转移是指将一个之前未被选择的动作加入当前部分解，从而导致状态的改变的过程；

行动（actions）：一个行动是指在当前问题实例中的任意一个未被加入当前部分解的任务节点 $o_{(n,v)}$；

奖励（rewards）：奖励是指在当前状态采取一个行动时导致的成本（cost）的变化。奖励可用如下公式表示：

$$r\left(\{D_t, W_t, S_t\}, o_{(n,v)}\right) = c\left(\{D_{t+1}, W_{t+1}, S_{t+1}\}, o_{(n,v)}\right) - c\left(\{D_t, W_t, S_t\}\right) \quad (4.5)$$

在式 (4.5) 中，$\{D_t, W_t, S_t\}$ 表示在时刻 t 用三元组 $\{D, W, S\}$ 表示的状态，$c\left(\{D_t, W_t, S_t\}\right)$ 表示在时刻 t 状态下的成本，$c\left(\{D_{t+1}, W_{t+1}, S_{t+1}\}, o_{(n,v)}\right)$ 表示在时刻 t 如果采用动作 $o_{(n,v)}$，则在时刻 $t+1$ 时的成本情况。

策略（policy）：策略是指当通过 DDQN 计算出下一步的每个可行的动作的评价后，如何选择动作的方法。本书采用基于贪婪原则的策略选择下一步动作，即每次均选择评分最优的动作。

需要额外指出的是，双重深度 Q 网络方法属于典型的无监督学习方法，该方法能够根据在时刻 t 用三元组 $\{D, W, S\}$ 表示的状态所对应的奖励值自行调整网络参数，从而达到对网络的训练目的。下面介绍双重深度 Q 网络模型的求解方法和训练细节。

4.3.2 基于双重深度 Q 网络的空天资源-任务匹配问题求解

本书采用 DDQN 方法构建解。DDQN 方法是在经典的深度 Q 网络（DQN）的基础上，通过对动作的选择和评估采用不同的神经网络，解决了对动作的 Q 值的误差会随着动作个数增加而累计的问题。同时，本书通过对动作的价值 Q_A 和状态的价值 Q_V 进行分别评估的方式，进一步改善了深度 Q 网络的学习性能。本书最终采用的动作评估公式如下：

$$Q\left(D, W, S; \Theta_V, \Theta_A\right) = Q_V\left(D, W, S; \Theta_V\right) + Q_A\left(D, W, S; \Theta_A\right) \quad (4.6)$$

其中，Q_V 为对状态价值的估计；Q_A 为对动作价值的估计。

4.3.3 双重深度 Q 网络模型的训练

4.3.3.1 奖励值设计

在深度学习问题中，网络的奖励值设计十分重要。良好的网络奖励值设计能够加速算法的收敛，同时能够保证训练的精度。因此，为了保证模型的训练效果，本书设计了基于双重奖励机制的训练方法。在本书中，DDQN 的奖励函数如下：

$$r(t) = 1 - r_1(t)^2 - r_2(t)^2 \tag{4.7}$$

其中，$r(t)$ 代表第 t 步的实际奖励值；$r_1(t)$ 为第 t 步的第一奖励值，在本书中为需求执行总时长的增量；$r_2(t)$ 为第 t 步的第二奖励值，在本书中为所有资源的总空闲时间的增量。

在空天任务-资源匹配问题的图模型中，由于存在延迟奖励问题（即某一步动作产生的成本可能在未来多步后才会表现出来），因此在本书中对奖励的更新采用多步累计奖励的方式。最终的奖励公式为

$$r_{\text{smooth}}(t) = \sum_{t=0}^{T} r(t)/T \tag{4.8}$$

其中，$r_{\text{smooth}}(t)$ 为第 t 步的实际奖励；T 为累计奖励的步数，在本书中，$T = M$。

4.3.3.2 网络的训练

本书通过如下方法对 DDQN 模型进行训练。

步骤 1 选择新的训练实例；

步骤 2 环境初始化 $\{D_0, W_0, S_0\}$；

步骤 3 对每个动作采用公式 (4.6) 进行评价，并根据 ε 贪婪原则选择下一步动作，该原则可用如下公式描述：

$$a_t = \begin{cases} 执行随机动作, w \cdot p \cdot \varepsilon \\ \max Q(D, W, S, \Theta_V, \Theta_A), 否则 \end{cases} \tag{4.9}$$

步骤 4 执行动作 a_t，计算 $r(t)$，将样本 $(D_{t-1}, W_{t-1}, S_{t-1}, a_t, r(t), D_t, W_t, S_t)$ 存储到经验回放池并更新环境；

步骤 5 从回放经验池根据经验优先回放规则进行采样，关于经验优先规则采样方法的描述可见经验优先回放方法部分；

步骤 6　根据如下公式计算 Q 网络标签：

$$y_t = \begin{cases} r_t, \text{如结束，则输出} \\ r_t + \gamma \max_{a_t} Q\left(D_t, W_t, S_t, a_t; \Theta\right), \text{否则} \end{cases} \tag{4.10}$$

步骤 7　计算带权的均方差损失函数：

$$\sum \mathrm{sw}_t (y_t - Q(D_t, W_t, S_t, a_{t-1}; \Theta))^2 \tag{4.11}$$

其中，sw_t 为根据采样概率得到的权重，具体计算方式可见经验优先规则采样方法部分；

步骤 8　采用随机梯度下降法更新 Θ，如果场景未结束，则返回步骤 3；否则前往步骤 9；

步骤 9　如果达到收敛要求，则输出最终 Θ；否则，返回步骤 1。

经验优先回放方法的具体流程如下：

步骤 1　针对经验回放池中的每个样本，通过如下公式计算时序误差 Δ_t：

$$\Delta_t(a_t) = r_t + \gamma \max_{a_t} Q\left(D_t, W_t, S_t, a_t; \Theta\right) - Q\left(D_{t-1}, W_{t-1}, S_{t-1}, a_{t-1}; \Theta\right) \tag{4.12}$$

步骤 2　对时序误差 $\Delta_t(a_t)$ 排序，得到 $\mathrm{rank}_t(a_t)$；

步骤 3　根据排序计算每个样本状态转化的优先级 $p_t(a_t) = 1/\mathrm{rank}_t(a_t)$，如果该样本为新加入经验回放池的样本，则该样本获得最高优先级 $\max p_t(a_t)$；

步骤 4　根据样本转换优先级 $p_t(a_t)$ 计算采样概率 $P_t(a_t) = p_t(a_t)^\alpha / \sum_N p_t(a_t)^\alpha$，其中，$N$ 为该批（batch）中全部样本的集合；

步骤 5　通过如下公式计算每个采样的重要度权重 sw_t：

$$\mathrm{sw}_t(a_t) = 1 \Big/ \left(\frac{P_t(a_t)}{\min P_t}\right)^\beta \tag{4.13}$$

步骤 6　计算完全部采样的重要度权重 sw_t 后，对 sw_t 进行归一化处理。

完整的双重深度 Q 网络方法的训练伪代码可见附录 A 中算法 A.1。

经验优先回放规则在对批进行采样训练时，根据批中的样本优先级进行采样，具有较高优先级的样本会优先被选择进行经验回放，从而尽量保留优势样本的经验，加快训练的速度。在本书中，$\alpha = 0.6$，$\beta = 0.4$，$N = 10000$。关于经验优先回放机制的详细解释可见文献 [118]。

4.4　仿真实验及分析

4.4.1　仿真实验设计

本书使用基于随机算例生成器产生的随机算例来对算法效能进行测试。本书所采用的测试算例的基本信息如表 4.1 所示。

表 4.1　随机算例基本信息

测试算例	资源数	任务清单数
wm01～wm10	5	4
wm11～wm20	5	5
wm21～wm30	6	6
wm31～wm40	5	8
wm41～wm50	5	10

在以上算例中，每个任务在资源上的执行顺序随机生成，每个任务的处理时长均为 $[20, 70]$ 区间的随机整数。

为验证本书所描述的求解方法的表现，本书使用多种不同的算法进行了对比，对比算法的种类主要包括机器学习算法［深度增强学习（deep reinforcement learning, DRL）算法］和启发式算法［先进先出（first-in-first-out, FIFO）规则，后进先出（last-in-first-out, LIFO）规则，加工时间最短（shortest-processing time, SPT）规则，加工时间最长（longest-processing time, LPT）和随机（Random）规则］。同时，本书采用商业求解器 OR－Tools 获取每个算例的最优解。对比算法的具体信息如表 4.2所示。

表 4.2　对比算法信息

算法类型	算法名称
启发式算法	FIFO,LIFO,SPT,LPT,Random
机器学习算法	DRL[119]
商业求解器	OR-Tools[120]

本书所描述的全部算法程序均运行在一台配备 Intel®Core™ i7-6700HQ CPU (4 核, 2.6GHz)，32GB 内存的计算机上，所有程序均使用 Python 3.7.4 语言编写。DDQN 参数如下：ε 起始值为 0.99，终止值为 0.1；折扣率 $\gamma = 0.9$；隐藏层维度 64；卷积层数量 3；属性规约参数 60；算法最大训练代数为 40000 代。

4.4.2　算法效能分析

算法在不同的测试案例下的求解表现，是评价算法性能的关键指标。本节给出本书所描述的基于图神经网络的双重 Q 学习网络（graph-based double deep Q network, G-DDQN）的算法效能分析，如图 4.8 所示。

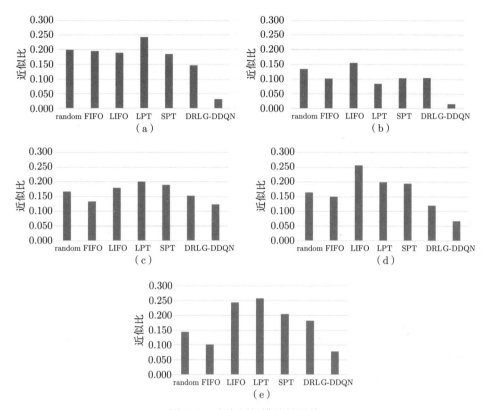

图 4.8　小案例规模结果汇总

（a）5 资源 4 任务；（b）5 资源 5 任务；（c）6 资源 6 任务；（d）5 资源 8 任务；（e）5 资源 10 任务

图 4.8 总结了全部算法在对比测试中的表现。为评估算法和最优解之间的差距，本书采用了近似比（approximation ratio）作为评价指标。该指标可通过如下公式计算：

$$\mathcal{R} = \frac{C_{\mathrm{alg}}}{C_{\mathrm{opt}}} \tag{4.14}$$

其中，C_{alg} 为由被测试算法所获得的结果的评价值，C_{opt} 为该案例的理论最优解（由 OR – Tools 计算得到）。显而易见，本书中 $\mathcal{R}$ 越小代表算法的计算表现越好。图 4.8 使用各算法在不同规模算例上测试的平均结果对应的近似比值距离最优解的近似比值（均为 1）的差值来表示各算法在不同规模的算例上的具体求解表现。

从对比结果可以看出，在全部 5 个不同规模的算例实验上，本书所提出的 G-DDQN 方法均能在全部算法中获得最优表现。其中，在较小规模的算例（5 资源

4 任务清单及 5 资源 5 任务清单）中，本书所描述的 G-DDQN 方法分别能够获得近似比差值为 3.2% 和 1.5% 的良好成绩。同时可以看到，在问题规模逐渐上升后，本书所描述的 G-DDQN 方法的求解表现有所下降（其主要原因为训练代数不足）。然而，考虑到在不同规模的算例中，本书所描述的方法均能够获得所有对比算法中的最优表现，可以认为 G-DDQN 方法在快速求解空天资源-任务匹配问题方面具有一定的优势。

同时注意到，在不同规模的算例中，当工件数量增加时，G-DDQN 方法的效能下降不显著，而当机器数发生变化时，G-DDQN 方法的算法表现下降较为明显，可认为每步可选动作数量的增加是可能导致 G-DDQN 方法求解表现下降的主要原因。

另外，在部分算例中，G-DDQN 能够求得理论最优解，该部分算例编号如表 4.3 所示。

表 4.3　G-DDQN 取得的最优解

算例规模	G-DDQN 求得的最优解
5 资源 4 任务清单	wm01,wm04
5 资源 5 任务清单	wm11,wm12,wm17,wm20
6 资源 6 任务清单	—
5 资源 8 任务清单	—
5 资源 10 任务清单	wm44

4.4.3　计算时间代价分析

算法理论复杂度和实际计算所需时间同样是算法评价的一个重要指标。首先需要指出的是，由于 G-DDQN 方法产生解的过程与一般的启发式算法基本一致，因此经过训练的 G-DDQN 方法在进行问题求解时具有多项式级别的理论计算复杂度 $O(k|A|)$。其中，k 为构建解所需要的总步数（在本书中，为 MN），$|A|$ 为每步所需要评价的动作的数量。举例来说，在算例 wm01 中，G-DDQN 方法（训练完成后）用 0.101s 的时间求得一个解，其近似比值为 1（即该解为最优解）。表 4.4 总结了在不同问题规模下全部算法的计算时间表现。

表 4.4　算法计算代价　　　　　　　　单位：s

算法	M5J4 [①]	M5J5	M6J6	M5J8	M5J10
G-DDQN	0.081	0.102	0.171	0.16	0.21
启发式算法	0.003	0.003	0.011	0.009	0.018
DRL	—	—	—	—	—

① M 代表资源，J 代表任务清单。

需要指出的是，由于涉及矩阵运算，因此 G-DDQN 算法相比于一般的基于规则的启发式算法的求解效能相对较低。但是考虑到日常使用场景中的实际情况，本书认为该算法的求解效能属于可以接受范围。另外需要指出，G-DDQN 算法在不同规模的问题上求解的时间呈线性增长，这与该算法的计算复杂度 $O(k|A|)$ 吻合，从而进一步证明了该算法的理论复杂度为多项式时间。另外需要特别指出的是，对比算法 DRL[119] 由于需要在每个案例上进行单独训练，且训练时间较长，可认为 G-DDQN 算法的计算效能比 DRL 方法有显著提升。

4.4.4　训练时间代价分析

在本节，将结合算法收敛过程中的损失函数（loss function）曲线，算法训练过程的平均结果曲线、算法得到的最优解的下降曲线以及算法的奖励值变化曲线，说明该算法的收敛性表现。需要说明的是，由于用于训练的设备性能存在差异，因此主要分析 G-DDQN 方法的训练代数与收敛性之间的相关性。

图 4.9 给出了 G-DDQN 方法在 5 资源 4 任务清单和 5 资源 8 任务清单上的训练表现。在 5 资源 4 任务清单规模的算例上 (图 4.9（a）)，G-DDQN 方法仅需训练约 2000 epoch 时即能够找到 $\mathcal{R} = 1$ 的解。由于 G-DDQN 方法在训练过程中遵循 ε 贪婪原则，因此在 2000∼15000 epoch 的过程中，算法的每百代平均结果曲线仍有比较明显的下降，说明该方法的求解效能仍有上升空间。在 5 资源 8 任务清单的算例上 (图 4.9（b）)，也观察到了类似的结论。在 5 资源 8 任务清单的算例上，G-DDQN 方法在约 3000 epoch 时已能在部分算例上取得较好的解，而其每百代平均求解表现曲线在约 15000 epoch 时仍能观测到明显下降。考虑到在部分案例上，G-DDQN 方法能够取得最优解，且在训练结束时，G-DDQN 方法的每百代平均结果曲线仍有下降趋势，可以认为在经过充分训练后，G-DDQN 方法相比于一般的启发式算法是十分具有竞争力的。同时需要指出的是，在 5 资源 8 任务清单规模的案例上，训练到 6413 epoch 时，G-DDQN 方法的每百代平均结果已达到 531.78，距离其最终结果 493.8 的近似比差距 $\dfrac{\mathcal{R}_{\text{final}}}{\mathcal{R}_{6413}} = 92.9\%$，可以认为 G-DDQN 方法在经过较短训练时已经能够取得相对较好的计算表现。

4.4.5　大规模问题泛化性实验

本节介绍了 G-DDQN 算法在较大规模的算例上的求解性能，并给出 5 组较大规模算例的基本测试结果。本节所用算例的生成规则和前文算例相同。需要指出的是，为提升 G-DDQN 算法在大规模算例上的求解效果，本书在大规模算例上，采用 G-DDQN 算法产生初始解，然后将该初始解输入一个模拟退火（SA）算法求解框架。在模拟退火算法中，本书采用基本的随机扫描（random sweep）操作作为邻域搜索算子。本书将该算法命名为 G-DDQN-SA。模拟退火算法的迭代

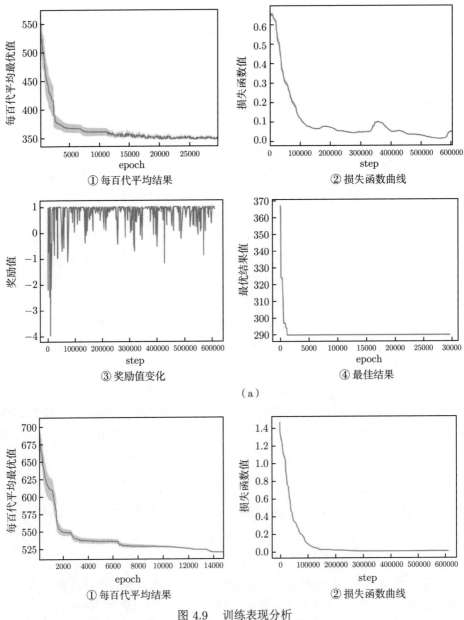

图 4.9　训练表现分析

（a）5 资源 4 任务清单；（b）5 资源 8 任务清单

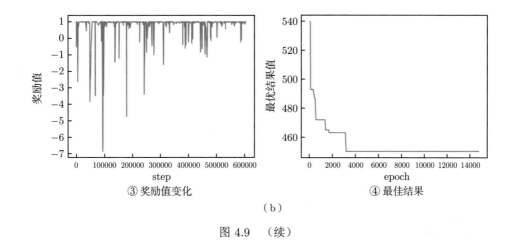

③ 奖励值变化 ④ 最佳结果

（b）

图 4.9 （续）

次数上限被设置为 100 代，每代共进行 10 次邻域搜索操作。算法的初始温度统一设置为 200，降温系数设置为 0.8。SA 算法和 G-DDQN-SA 算法均运行 20 次。表 4.5 中列出本节所用算例的基本信息。

表 4.5 较大规模随机算例基本信息

测试算例	资源数	任务清单数
wm51～wm60	5	20
wm61～wm70	5	25
wm71～wm80	10	10
wm81～wm90	10	20
wm91～wm100	15	20

另外需要指出的是，由于 OR－Tools 在 15 资源 20 任务清单上运行超过 72h 仍不能求得最优解，因此本书 OR－Tools 设定在 15 资源 20 任务清单上运行最大 12h，并将最终输出结果作为理论最优解。全部对比算法的实验结果如图 4.10 所示。

从图 4.10 结果可以看出，本书所采用的 G-DDQN-SA 方法，在五个较大规模算例上的计算表现均具有较强的竞争力。在使用 G-DDQN 方法产生初始解后，模拟退火算法仅需要极少次数的迭代即可获得较好的计算表现。其中，除 15 资源 20 任务清单的最大规模算例外，G-DDQN-SA 在其他算例上的计算表现距最优解的差距均小于 8%。因此，可以认为 G-DDQN-SA 方法对于快速求解不同规模的空天资源-任务匹配问题均具有竞争力。

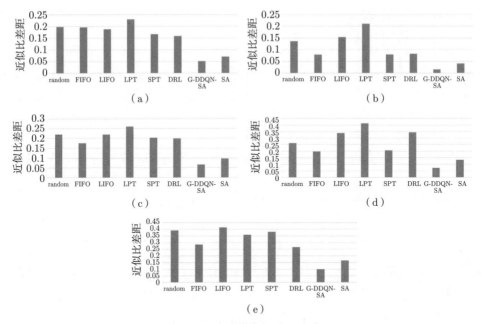

图 4.10   大规模案例结果总结

（a）5 资源 20 任务；（b）5 资源 25 任务；（c）10 资源 10 任务；（d）10 资源 20 任务；（e）15 资源 20 任务

表 4.6 对比了 G-DDQN-SA 方法和模拟退火算法在求解不同空天资源-任务问题上的效能和稳定性对比。从表中可以看出，在采用 G-DDQN 产生初始解后，模拟退火算法在不同规模的算例上的效能提升平均超过 3.5%，且该差距在算例规模较大时具有更显著的表现。同时，G-DDQN-SA 方法相比于一般的模拟退火算法在不同规模的算例上具有更低的标准差和变异系数，这表示 G-DDQN-SA 方法比一般的模拟退火算法具有更好的计算稳定性。考虑到 G-DDQN 算法具有与一般的基于规则的启发式算法相同的计算复杂度和基本相当的求解速度，可以认为采用 G-DDQN 方法能够较好地提升模拟退火算法的计算表现。

表 4.6   算法稳定性及计算效能对比

问题规划	G-DDQN-SA			SA		
	标准差	变异系数	与最优值的差	标准差	变异系数	与最优值的差
5M20J	7.5	0.007	—	18.4	0.017	0.017
5M25J	10.3	0.009	—	19.3	0.016	0.025
10M10J	2.5	0.003	—	16.5	0.022	0.027
10M20J	6.3	0.006	—	22.5	0.020	0.054
15M20J	12.2	0.009	—	23.2	0.016	0.056

4.5　本章小结

本章解决了面向空天资源的任务规划问题的第一阶段：空天资源-任务匹配问题。本章首先介绍了基于作业车间调度模型的空天资源-任务匹配问题建模。在该模型中，空天资源-任务匹配问题中的空天资源被建模为作业车间调度问题中的机器，空天任务清单则被建模为作业车间调度问题中的工件。为实现空天资源-任务匹配问题的快速求解，本章设计了基于图神经网络的空天资源-任务匹配问题特征提取技术和基于双重深度 Q 网络的空天资源-任务匹配问题求解方法。最后，本章设计不同规模的仿真实验，对该求解方法的计算表现进行了评估。

本章研究的主要创新点如下：

（1）分析了空天资源-任务匹配问题的主要特征，设计了基于图神经网络的空天资源-任务匹配问题的特征提取方法。

（2）在图神经网络的问题特征输出的基础上，设计了基于深度 Q 网络的问题求解方法。

第5章

面向空天资源的任务智能化
分配技术

面向空天资源的任务智能化分配技术在确定的空天资源-任务匹配方案的基础上,通过基于改进蚁群的智能优化方法对空天任务进行分配,并最终产生空天任务协同分配方案,该方案应包含如下内容:① 任务清单中的每个任务对应的任务执行节点;② 每个任务执行节点对应的空天资源。同时,在空天任务协同分配问题中,同样要考虑任务方案执行的鲁棒性需求。具体是指,在确定的任务清单和任务资源的基础上,通过对任务清单中的任务添加冗余活动,在不违背任务清单的执行约束的基础上,增加任务执行的成功率。下面分别对面向空天资源的任务智能化分配技术中的问题模型和求解方法进行介绍。

5.1 问题建模

结合 2.3.2 节关于空天资源任务分配问题的陈述,本书将空天资源任务分配问题建模为一类特殊的带时间窗的周期车辆路径问题。在该模型中,空天资源被建模为一系列带有服务能力约束的虚拟车辆,空天任务被建模为带有服务需求时间约束和货物需求约束的虚拟客户节点,空天资源在不同任务间的转换时间被建模为虚拟客户节点之间的路径时间消耗,同一个任务的不同观测机会被建模为同一个客户节点在不同的规划周期内被访问的可能性。考虑到在大量空天任务中,针对同一目标的重访是一类重要的需求(例如火山监测任务需要按照一定的重访周期重复收集火山活动数据),以及空天任务方案对于鲁棒性的要求,本模型特别提出重访频次的概念,即在不同规划周期内安排对同一任务的重复观测。该模型可通过图 5.1 表示。

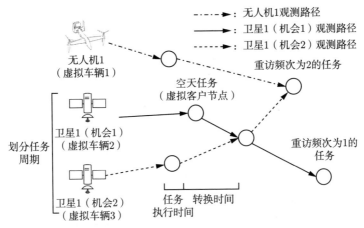

图 5.1　空天协同任务分配问题模型表示

　　图 5.1 所示的数学模型可转化为如下基于周期车辆路径问题的图模型：存在一个无向图 $G = (N, E)$，该图包含一系列的虚拟客户节点 N 以及与虚拟客户节点 N 相关联的边的集合 E；一个虚拟的规划周期 T，$T = \{1, 2, \cdots, t\}$，t 代表协同分配总时间长度中每个规划周期的时间；虚拟出发节点 d，该节点包含虚拟的出发节点以及与该问题相关的资源的集合；虚拟客户集合 $\{i \in N | i = 0, 1, 2, \cdots, n\}$，该集合代表目前已知的可能的任务执行机会以及对应的在该时刻执行任务所需要消耗的资源和时间；虚拟成本集合 $\{e_{ij} \in E | i, j = 1, 2, \cdots, n, i \neq j\}$，该集合能够表示从虚拟客户节点 i 到节点 j 之间执行转换可能需要消耗的成本 c_{ij}；虚拟车辆集合 $\{v_k \in K | k = 1, 2, \cdots, K\}$，该集合代表空天任务协同分配方案中可以用到的任务执行资源，其中每台虚拟车辆 v_k 还具有与车辆能力相关的能力约束 q_k。

　　为定义空天任务协同分配问题的车辆路径问题模型，首先给出该模型中的通用符号定义，如表 5.1 所示。

　　在本书中，空天资源任务分配问题的决策变量为：

$$x_{ijkt} = \begin{cases} 0, & \text{若在周期 } t \text{ 内没有车辆访问 arc}_{ij} \\ 1, & \text{否则}, i \neq j, i, j \in \{0, 1, 2, \cdots, n\} \end{cases}$$

本问题的主要优化目标包括如下：

$$\text{minimize} \sum_{k=1}^{K} \sum_{t=1}^{T} \sum_{i=0}^{N} \sum_{j=0}^{N} c_{ij} x_{ijkt} \tag{5.1}$$

$$\text{maximize} \sum_{k=1}^{K} \sum_{t=1}^{T} \sum_{i=0}^{N} \sum_{j=1}^{N} x_{ijkt} \tag{5.2}$$

$$\text{minimize} \max \left(\sum_{j=1}^{N} \sum_{k=1}^{K} x_{ijkt}, k \in K, i = 0 \right) \tag{5.3}$$

表 5.1　空天资源任务分配问题通用符号定义

变量名	变量解释
c_{ij}	与虚拟路径 ij 相关的行动转换成本
t_{ij}	与虚拟路径 ij 相关的行动转换时间成本
m_i	服务每个虚拟客户 i 所需要消耗的虚拟资源
q_k	每辆虚拟车辆 k 能够为虚拟客户提供服务的能力上限
e_i	在每个规划周期内针对虚拟客户 i 的最早服务开始时间
l_i	在每个规划周期内针对虚拟客户 i 的最晚服务开始时间
m_i	在当前协同分配总时间长度内虚拟客户 i 必须被服务的最小服务频次
st_{it}	虚拟客户 i 在一个规划周期 t 内被安排的服务开始时间
s_i	虚拟车辆服务虚拟客户 i 需要消耗的时间
w_{it}	虚拟车辆在规划周期 t 中服务虚拟客户 i 所需要的等待时间

本问题的约束条件包括:

$$\sum_{j=1}^{N} \sum_{k=1}^{K} x_{ijkt} \leqslant K, \quad t \in T, i = 0 \tag{5.4}$$

$$\sum_{j=0, j \neq i}^{N} \sum_{k=1}^{K} x_{ijkt} \leqslant 1, \quad i \in \{1, 2, \cdots, n\}, \forall t \in T \tag{5.5}$$

$$\sum_{i=0, i \neq j}^{N} \sum_{k=1}^{K} x_{ijkt} - \sum_{r=0}^{N} \sum_{k=1}^{K} x_{jrkt} = 0, \quad j \in \{1, 2, \cdots, n\}, \quad \forall t \in T \tag{5.6}$$

$$\sum_{j=1}^{N} x_{ijkt} \leqslant 1, \quad i = 0, t \in T, \forall k \in K \tag{5.7}$$

$$\sum_{j=1}^{N} x_{ijkt} - \sum_{j=1}^{N} x_{jikt} = 0, \quad i = 0, t \in T, \forall k \in K \tag{5.8}$$

$$\sum_{i=1}^{N}\sum_{j=0}^{N} x_{ijkt}m_i \leqslant q_k, \quad \forall t \in T, k \in K \tag{5.9}$$

$$\sum_{t=1}^{T}\sum_{i=0}^{N}\sum_{k=1}^{K} x_{ijkt} \geqslant Sm_j, \quad j \in \{1,2,\cdots,n\} \tag{5.10}$$

$$\mathrm{st}_{it} \geqslant e_i, \forall t \in T \tag{5.11}$$

$$\mathrm{st}_{it}+s_i \leqslant l_i, \forall t \in T \tag{5.12}$$

$$\mathrm{st}_{it} + s_i + w_{jt} + t_{ij} = \mathrm{st}_{jt}, \quad \forall t \in T \tag{5.13}$$

在该模型中，式 (5.1)，式 (5.2)，式 (5.3) 分别为本问题的三个优化目标，具体指服务成本最小化、服务频次最大化以及资源用量最小化。本问题主要包含如下约束：约束 (5.4) 代表虚拟车辆（即空天资源）总用量不能超过用量上限；约束 (5.5) 代表在每个规划周期内每个虚拟客户节点仅能被访问一次（该约束用于保证规划周期划分的可行性）；约束 (5.6) ~ 约束 (5.8) 代表空天资源在执行完任务后必须返回初始状态（即返回出发节点）；约束 (5.9) 代表每个虚拟车辆服务虚拟客户所使用的资源不能超过该虚拟车辆的能力上限；约束 (5.10) 代表每个虚拟客户的最低服务频次必须被满足；约束 (5.11) 和约束 (5.12) 代表针对虚拟客户的服务必须开始于虚拟客户需求的服务时间窗内；约束 (5.13) 确保了在规划内，针对每一辆虚拟车辆安排的客户服务时间、等待时间和任务转换时间链条之间的连续性。

5.2 求解方法

为解决空天资源协同分配问题，本书将该问题分解为两个特殊的子问题：在问题的第一阶段，每个虚拟客户的访问频次和具体的访问周期被确定；在问题的第二阶段，确定在具体访问周期内的虚拟客户服务方案。该问题的第一阶段可看作一个经典的带时间窗的周期车辆路径问题（周期车辆路径问题中的服务组合概念被服务频次代替)，问题的第二阶段则可以看作在每个服务周期内的带时间窗车辆路径问题。针对该问题，本书设计了一种混合启发式算法进行求解，具体如下：

5.2.1 算法框架

本章所采用的算法被命名为多目标模拟退火蚁群优化（multi-objective simulation annealing ant colony optimization, MOSA-ACO）算法。该算法由一个改

进的多目标蚁群算法和模拟退火算法组合而成，其算法结构如图 5.2 所示。

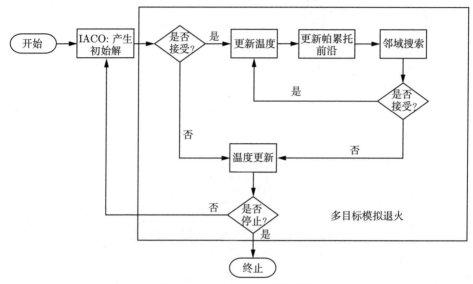

图 5.2   MOSA-ACO 算法结构

在本书中采用 MOSA-ACO 算法的主要理由是：首先，问题的第一阶段与带时间窗的周期车辆路径问题存在极大相似，而改进蚁群算法（improved ant colony optimization, IACO）[121] 已被证明在求解带时间窗的周期车辆路径问题上具有一定的优势；其次，由于常规的蚁群算法通常只能求解单目标问题，因此本书采用改进蚁群算法和多目标模拟退火算法的混合算法求解该问题；最后，本书在 MOSA-ACO 算法中加入了一部分邻域搜索算子，这部分算子已被证明在求解带时间窗的车辆路径问题上具有较好的效果，而本问题的第二阶段属于标准带时间窗的车辆路径问题。综上所述，采用 MOSA-ACO 算法求解该问题的效能应具有保证。同时需要指出的是，由于模拟退火算法通常只能求解单目标问题，因此在本书中采用了一种基于多目标帕累托准则的解的接受准则代替模拟退火算法中原本的 Metropolis 原则。本书所述的 MOSA-ACO 算法的具体流程如下：

步骤 1   采用改进蚁群算法寻找初始解；

步骤 2   通过多目标评价准则对该初始解进行评价，如果该初始解被接受，则该解被设定为当前解并前往步骤 3，否则前往步骤 7；

步骤 3   更新模拟退火算法的当前温度；

步骤 4   更新当前算法的帕累托前沿；

步骤 5   针对当前解采用四种不同的邻域搜索算子进行优化；

步骤 6 通过多目标评价准则对当前解进行评价,如果接受当前解则返回步骤 3,否则前进至步骤 7;

步骤 7 更新模拟退火算法的当前温度,如果达到停止条件则输出当前帕累托前沿,否则返回步骤 1。

下面介绍该算法的具体细节。

5.2.2 改进蚁群算法

在 MOSA-ACO 算法中,改进蚁群算法被用于产生初始解。改进蚁群算法已经被证明在求解带时间窗的周期车辆路径问题中具有良好表现。该算法是蚁群算法和遗传算法的结合,改进蚁群算法构架如图 5.3 所示。

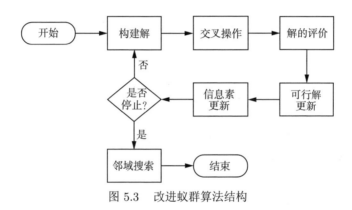

图 5.3 改进蚁群算法结构

改进蚁群算法的具体执行流程如下:

(1)分配虚拟客户

首先需要指出的是,在本章所描述的机会自主选择问题中,针对每个虚拟客户均存在最低客户需求服务频次限制。因此在生成初始解之前,首先需要将最低客户需求服务频次分配到不同的规划周期中,作为算法求解的初始条件。在 MOSA-ACO 算法中,该步骤由一个基于 K-means 算法的聚类算法确定。具体是指,在 MOSA-ACO 算法开始前,首先对不同的虚拟客户节点进行基于距离(既任务转换消耗)的 K-means 聚类,K-means 的聚类核数等于规划周期数。然后,对每个客户到全部聚类核的距离进行升序排序,并按照距离聚类核的距离的远近分配虚拟客户的最低服务频次。一个针对本问题的典型 K-means 聚类结果如图 5.4 所示。

在完成最低虚拟客户服务频次分配后,针对每个规划周期均存在一个需要在该周期内被服务的客户集合,在本书中该集合被命名为 cs_t。

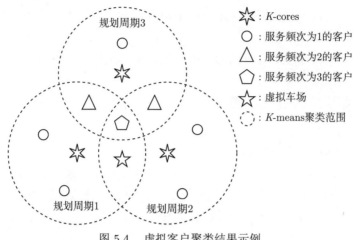

图 5.4　虚拟客户聚类结果示例

（2）构建解

在每次迭代开始时，一只人工蚂蚁被放置于虚拟开始节点，代表一台虚拟车辆开始制定在该规划周期内的服务计划。接下来，该人工蚂蚁会按照通过式 (5.14) 计算得到的概率分别访问可能被访问的客户节点。当一个虚拟客户节点被人工蚂蚁访问过后，该客户节点会被加入当前规划周期的禁止列表，以满足每个规划周期内一个客户仅能被访问一次的限制。当该蚂蚁已经不能访问更多客户时，蚂蚁返回虚拟开始节点并产生服务计划。在针对每个规划周期分别进行规划后，改进蚁群算法就完成了初始解的构建。

$$
P_{ij}^t = \begin{cases} \dfrac{\lambda\left(\tau_{ij}^t\right)^{\alpha}(\eta_{ij})^{\beta}}{\sum\limits_{s=1}^{N}\lambda\left(\tau_{is}^t\right)^{\alpha}(\eta_{is})^{\beta}}, & \text{若节点 } j \text{ 被选择} \\[4mm] 0, & \text{否则} \end{cases} \tag{5.14}
$$

式中，P_{ij}^t 代表人工蚂蚁选择从当前虚拟客户 i 出发访问虚拟客户 j 的概率；τ_{ij}^t 代表在 t 时刻边 ij 上残留的信息素的量；η_{ij} 代表启发式信息，在本书中 η_{ij} 被设置为 $1/c_{ij}$；α 和 β 是改进蚁群算法的控制参数，分别代表启发式信息和信息系信息的重要程度；λ 是另一个控制参数，该参数控制着人工蚂蚁离开当前规划周期中必须访问的虚拟客户节点集合 cs_t 而选择一个不在该集合中的虚拟客户的可能性。当一个虚拟客户存在于 cs_t 中时，λ 被设置为 1，否则 λ 会被设置为一个小于 1 的常数。这代表人工蚂蚁通常更喜欢访问存在于需要被访问的虚拟客户集合 cs_t 中的虚拟客户节点。改进蚁群算法构建客户节点的流程如图 5.5 所示。

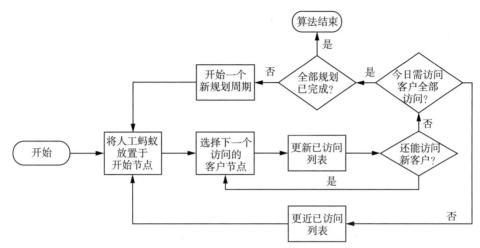

图 5.5　改进蚁群算法工作流程

（3）交叉操作

改进蚁群算法采用交叉算子提升解的质量。在本书中，交叉算子的主要工作方式是对当前可行解中的服务路径进行打断重连，以提升解的质量同时促进当前解跳出局部最优。本书在改进蚁群算法中应用了两种不同的交叉算子（单点交叉和两点交叉），这两种交叉算子和应用于文献 [121] 中的相同。

（4）信息素更新操作

在 MOSA-ACO 算法中，蚁群算法采用一种自适应的信息素更新策略来更新信息素。在每代构建完可行解后，算法采用如式 (5.15) 的操作更新信息素矩阵：

$$\tau_{ij}^{t\,\mathrm{new}} = (1-\rho)\tau_{ij}^{t\,\mathrm{old}} + \Delta\tau_{ij}^{t\,\mathrm{old}}, \rho \in [0,1] \tag{5.15}$$

式中，$\tau_{ij}^{t\,\mathrm{new}}$ 代表时刻 t 的下一时刻残留在路径 ij 上的信息素的量；$\tau_{ij}^{t\,\mathrm{old}}$ 代表在当前时刻 t 残留在边 ij 上的信息素的量；ρ 代表信息素的蒸发率；$\Delta\tau_{ij}^{t\,\mathrm{old}}$ 代表在当前时刻 t 人工蚂蚁残留在它经过的路径 ij 上的信息素的量，其可通过式 (5.16) 计算得到：

$$\Delta\tau_{ij}^{t\,\mathrm{old}} = \left(\delta \times \frac{L^{\mathrm{opt}}}{L^{\mathrm{current}}}\right) \tag{5.16}$$

式中，δ 是信息素增长的参考值；L^{opt} 代表目前最好的解的质量评价值，在 MOSA-ACO 算法开始时，这个值通过最近邻算法（the nearest neighbor heuristics）给出；L^{current} 是针对当前解的质量的评价值。δ 在本书中通过式 (5.17) 确定：

$$\delta = \tau_{\max} \times \rho \tag{5.17}$$

式中，$\tau_{\max}$ 代表在 MOSA-ACO 算法中人工蚂蚁能够遗留的信息素上限，因此，同样存在人工蚂蚁能够遗留的信息素下限的值 $\tau_{\min}$。$\tau_{\max}$ 与算法迭代的最大代数相等。$\tau_{\min}$ 被设定为 1。在算法开始时，人工蚂蚁能够遗留的信息素的量被设定为 $\tau_{\max}$。

需要额外指出的是，MOSA-ACO 算法采用多维信息素矩阵，准确地说，针对每个规划周期均存在一个与其相关联的信息素矩阵用于存储该规划周期内的信息素。其主要原因是不同规划周期内的虚拟客户分布和任务情况并不完全一致，采用多维信息素矩阵有利于人工蚂蚁在不同的规划周期内寻找更好的可行解。

（5）邻域搜索操作

为提升改进蚁群算法的算法表现，一种经典邻域搜索算子被应用到改进蚁群算法得到的可行解上，以提高改进蚁群算法求得的可行解的质量。关于 MOSA-ACO 算法中全部应用的邻域搜索算子设计可见 5.2.4 节。

5.2.3 多目标模拟退火算法

在改进蚁群算法产生初始解后，本书通过多目标模拟退火算法来产生最终的帕累托解集。为定义多目标模拟退火算法，首先给出在 MOSA-ACO 算法中使用的多目标评价准则，其表达式如下

$$F(a) = \min \sqrt{\left(\text{obj}_a^1 - \text{obj}_s^1\right)^2 + \cdots + \left(\text{obj}_a^n - \text{obj}_s^n\right)^2}, \quad s \in \text{NS} \tag{5.18}$$

式中，NS 代表一个帕累托解集；$F(a)$ 代表该解集中的解 a 的评价值；obj_a^n 代表解 a 的第 n 个目标的函数值；obj_s^n 代表解 s 的第 n 个目标的函数值。从原理上来说，式 (5.18) 给出了 MOSA-ACO 算法找到的可行解距离该算法当前找到的帕累托解集中解的欧氏距离的最小值。在 MOSA-ACO 算法中采用式 (5.18) 作为解的评价方案的原因是通常在模拟退火算法中，一个解距离当前最优解的距离决定了这个解被接受成为下一代的解的概率。而由于空天任务协同规划问题是一个多目标优化问题，因此采用基于欧氏距离解的评价代替经典模拟退火算法中基于简单差值解的评估方式。图 5.6 给出了一个针对多目标评价准则 $F(a)$ 的图形解释。

当 MOSA-ACO 算法找到一个新的可行解 a 时，MOSA 算法通过基于概率的准则选择是否接受解 a 作为当前解进行下一步优化。该接受准则具体如下：① 如果该解不被当前帕累托解集中的任何一个解支配，则直接接受当前解；② 如果解 a 被当前帕累托解集中的任何一个解支配，则通过式 (5.19) 判断是否接受解 a 作为当前解。MOSA 算法接受解 a 作为当前解的概率为

$$\text{PA}(a) = \text{e}^{-F(a)/T_c} \tag{5.19}$$

式中，T_c 代表当前温度；PA(a) 代表解 a 能否被接受成为当前解的概率。每当一个新的可行解 a 被构造好后，当前温度 T_c 通过式 (5.20) 进行调整：

$$T_n = T_c \times \varepsilon \tag{5.20}$$

式中，T_n 代表下一次迭代时的温度；ε 是用于调整温度的下降速度的参数。在本书所述的 MOSA 算法中，存在回火机制，用于在当前解被接受后对当前温度进行一定程度的升温，用于延长搜索时间以提升求解质量。MOSA 算法中的回火机制可用式 (5.21) 表示：

$$T_n = (T_p - T_c) \times \omega + T_c \tag{5.21}$$

式中，T_p 代表上一次一个 IACO 构造的可行解被接受时的温度；ω 为控制系数，在本书中，$\omega = 0.5$。

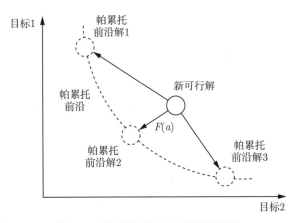

图 5.6 基于距离的多目标评价准则

5.2.4 邻域搜索算子设计

在本书中，六种不同的邻域搜索算子被应用到 MOSA-ACO 算法，以提升该算法的求解效能。这六种邻域搜索算子包括 2-opt 算法[122]、3-opt 算法[123]、客户节点交换算法、客户节点插入算法、路径消除算法以及路径分割算法[124]。这六种邻域搜索算子的具体操作方式如图 5.7 所示。

最终需要指出的是，在 MOSA-ACO 算法中存在两个需要应用邻域搜索算法的部分（IACO 算法和 MOSA 算法）。为了保证算法的求解速度，因此在 IACO 算法中仅采用 2-opt 算法，而在 MOSA 算法中，六种不同的邻域搜索算法均被使用。

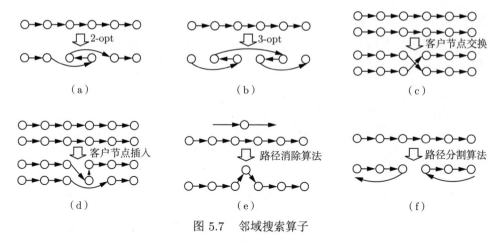

图 5.7 邻域搜索算子

（a）2-opt 算法；（b）3-opt 算法；（c）客户节点交换算法；（d）客户节点插入算法；（e）路径消除算法；（f）路径分割算法

5.3 仿真实验及分析

5.3.1 仿真实验设计

为验证 MOSA-ACO 算法的具体求解表现，本节设计了相应的仿真实验算例以及结果分析。本章采用的仿真实验设计参考了 VRP 问题通用标准算例集 Solomon′s 50 问题集以及 Cordeau′s CPVRPTW 问题集。

通过研究标准问题集，结合本书面对问题的实际情况，针对该仿真实验提出如下假设：本书面临的问题主要包括如下三种不同的情况：① 虚拟客户之间的转换时间较为集中（即大部分虚拟客户节点之间仅需要较短的时间就可完成转换）；② 虚拟客户之间的转换时间较为平均（即大部分虚拟客户节点之间的转换时间较为均匀）；③ 混合型，即部分客户之间的转换时间较短，而其他客户之间的转换时间较为平均。针对以上原则，本书设计了 6 个不同的仿真场景，编号分别为 C1,C2,R1,R2,RC1,RC2。其中，属于 C 类的场景根据情况 ① 设计，R 类场景基于情况 ② 设计，RC 类场景则是从 C 类场景和 R 类场景中各取 50% 的节点混合而成。在问题场景的基础上，针对不同的场景中的虚拟客户，设计了不同的客户需求时间窗。其中，在编号为 1（即 C1, R1, RC1）类场景中，客户需求服务时间窗较短；而在编号为 2 类的场景中，客户需求时间窗通常较长（某些客户需求没有明确的需求时间窗）。在同类别的场景中，其他约束条件（如客户需求的服务时间等）完全相同。

在场景基础上，本书设计了规划长度为 5 个周期的最终实验算例。在一个规划总时长的每个规划周期内的虚拟客户的需求服务时间、虚拟客户间的转换时间等约束均完全相同。同时，每个客户被赋予 1 ~ 3 次不等的最低需求服务频次。其中，80% 的虚拟客户需要的最低服务频次为 1 次，15% 的虚拟客户需求的最低服务频次为 2 次，5% 的虚拟客户需求的最低服务频次为 3 次。

同时，为了测试 MOSA-ACO 算法在大规模问题下的求解效能，本书还采用了基于 Cordeau's CPVRPTW 标准测试集的改进算例进行了测试。在本书中，全部算法均在该算例集中的 150 节点规模以下的算例上进行了测试。需要指出的是，由于本问题仅关注客户服务频次的优化，因此原算例中关于客户需求服务组合的约束条件被弃用，而改为客户最低服务频次限制。本书中一个典型的算例可用表 5.2 表示。

表 5.2　空天资源任务分配问题算例样本

规划周期长度	5 天	虚拟车辆能力	200	最大资源数量	25		
虚拟客户：							
客户编号	X 坐标	Y 坐标	客户需求	服务最早开始时间	服务最晚开始时间	服务时长	最小服务频次
1	45	45	10	700	1200	90	2
2	30	45	5	200	800	90	3
⋮	⋮	⋮	⋮	⋮	⋮	⋮	⋮

本书的全部对比算法包括强化帕累托进化算法第二代（strength Pareto evolutionary algorithm-2，SPEA2）[125]、第二代非支配排序遗传算法（non-dominated sorting genetic algorithm-II，NSGA II）[126]、第三代非支配排序遗传算法（non-dominted sorting genetic algorithm-III，NSGA III）[127]、基于分解的多目标进化算法（multi-obejective evolutionary algorithm based on decomposition，MOEA/D）[128]，以及 IACO 算法[121]。在算法开始前，对比算法将通过随机分配方式将客户最低需求服务时间分配到各个规划周期。在算法开始前，每个规划周期内的服务成本通过时间窗插入启发式（time window insertion heuristics，TWIH）[129] 算法得到。该算法被证明在带时间窗的车辆路径问题中具有较好的求解表现。为提高 SPEA2、NSGA II、NSGA III 和 MOEA/D 四种基于进化理论的优化算法的计算效率，本书应用了 10 种不同的变异算子，这些变异算子的主要来源为文献 [124]、文献 [130]、

文献 [131] 和文献 [132]，且均被证明在带时间窗的车辆路径问题或者周期车辆路径问题中具有较好表现。同时，为了实现增加客户服务频次的要求，本书针对该问题设计了两种不同的用于调整客户服务频次的操作算子。第一种是增加客户服务频次操作算子，该算子首先计算每个规划周期中安排的总客户服务频次的多少，然后随机选择最多 5 个客户加入客户总服务频次最少的规划周期；第二种用于移除过多的客户服务频次以减少客户服务成本，该算子会在安排客户总服务频次最多的规划周期中随机选择一个客户并移除一次服务（该算子会忽略服务频次等于最低服务频次限制的虚拟客户）。通过以上两个算子，本书实现了在对比算法中增加或者减少客户服务频次的操作。

另外需要指出的是，MOSA-ACO 算法存在两部分需要调试的参数。其中，在 MOSA 算法部分，起始温度被设置为 800。该温度是通过文献 [133] 中介绍的一个简单有效的规则设计，即模拟退火算法的起始温度应保证当一个解比初始解差 25% 以内时，该解在模拟退火的开始阶段被接受的概率应大于 50%。因此在本书中，MOSA-ACO 算法的起始温度被设置为 800。另外，算法的终止温度被设为 10。该温度的设定同样基于一个简单有效的准则，即算法在结束时一个新解被接受的概率应小于 1%。降温系数 ε 被设为 0.99，这是大量模拟退火算法中常用的一个降温系数。

在 MOSA-ACO 算法的 IACO 部分，控制参数 α 和 β 被设置为与文献 [121] 相同。本书试验了从 $100 \sim 500$ 代的不同蚁群算法最大迭代次数，并最终设定最大迭代次数为 200 代。该设置能够保证在算法求解表现较好的条件下提高算法的求解效率。ρ 被设置为 0.01，该数值也是蚁群算法常用的 ρ 数值。

同时需要指出的是，在 MOSA-ACO 算法中采用了浮动 λ 设置，具体为：针对在 cs_t 中的虚拟客户，λ 统一设置为 1；针对不在 cs_t 中的虚拟客户，在算法开始时 λ 被设置为 0.5。每当 IACO 部分产生一个新的可行解时，λ 降低 0.1。当 λ 小于 0.1 时，λ 被重新设置为 0.5。

在此基础上，本书测试了 SPEA2，NSGA II，NSGA III 和 MOEA/D 四种对比算法单次运行的计算时间。并最终设置这 4 种算法的种群规模为 50，最大迭代次数 300 代，以保证所有不同的算法具有相同的计算耗时。

改进蚁群算法在 50 客户节点规模的算例上的最大迭代次数 1000 代，针对 $50 \sim 100$ 客户节点的问题则设置为 2000 代，而针对超过 100 个客户节点的算例则设置为 3000 代，这保证了改进蚁群算法与其他对比算法具有相同的计算耗时。

本书所描述的全部算法均运行在一台使用 Intel® Core^{TM} i5-4460 CPU (4 核, 3.2GHz)，4GB 内存的计算机上。所有算法均采用 Matlab2014a 编程。

5.3.2　算法基本表现分析

本节主要介绍六种算法在全部测试实例上的基础表现分析，主要包括在不同算例上的三个目标函数值的最大值/最小值/均值，均值的稳定性（以变异系数表示）以及每个测试实例上的最好情况分析。所有算法的计算结果情况可见图5.8、图 5.9 及表 5.3。完整计算结果可见附录 A 中的表 A.1、表 A.2。在表 5.3、表 A.1 及表 A.2 中，"TC"代表虚拟客户之间的转换成本，"FS"代表虚拟车辆总用量，"VF"代表客户总访问频次。

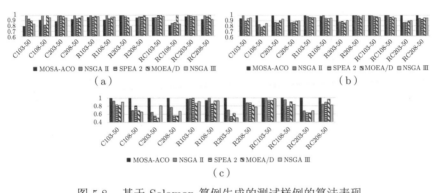

图 5.8　基于 Solomon 算例生成的测试样例的算法表现

（a）服务成本；（b）服务收益；（c）资源用量

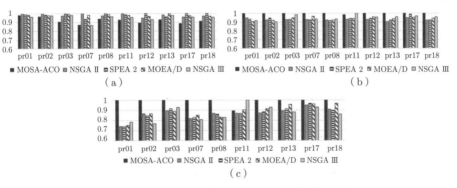

图 5.9　基于 Cordeau 算例生成的测试样例的算法表现

（a）服务成本；（b）服务收益；（c）资源用量

根据 Solomon 算例的实验结果可知，MOSA-ACO 算法能够在基于 Solomon 测试算例得出的测试集中找到具有更高的客户服务频次以及更低的转换总消耗的解。在该类型的共 12 个算例中，MOSA-ACO 算法找到了 10 个具有最低的转换总消耗的解。在该类型的共 12 个算例中，MOSA-ACO 算法找到了 6 个具有最大总访问次数的解。从图 5.8中可知，在 C 和 RC 类型的算例中，MOSA-ACO 算法能够找到具有更低的转换消耗和更高的总客户服务次数的解。在 R 型算例中，MOSA-ACO 算法能够找到具有最低的总转换消耗的解。在 C 和 RC 类型算例中，对比找到了拥有最低虚拟车辆数的解的 SPEA2 算法，MOSA-ACO 算法找到的解具有比 SPEA2 算法低 3.37% 的总转换消耗和高 10.11% 的总客户服务次数。对比在 R 型算例中找到最低虚拟车辆数的 NSGA Ⅲ 算法，MOSA-ACO 算法找到的解具有比 NSGA Ⅲ 算法低 2.93% 的总转换消耗和高 7.41% 的总客户服务次数。同时需要指出的是，MOSA-ACO 算法具有较为稳定的算法求解表现。在除了算例 RC208-50 的其他算例中，MOSA-ACO 算法找到的解的三个目标函数值（总转换消耗、使用的总虚拟车辆数以及总客户服务频次）的均值的最大变异系数分别为 3.6%，8.2% 和 6.3%。另外需要指出的是，在算例 RC208-50 中，包括 MOSA-ACO 算法在内的多个优化算法（SPEA2 算法、NSGA Ⅱ 算法和 MOEA/D 算法）均表现出较强的不稳定性。其主要原因可能是在 RC2 类型的算例中，减少虚拟车辆数和减少总转换消耗目标存在较大冲突。同时，在该类算例中，每个虚拟客户均具有较长的客户需求时间窗，从而使客户能够被增加更多地服务频次。

表 5.3 基于 Solomon 算例生成的测试样例的算法表现汇总

类型	优化类型	MOSA-ACO		IACO		NSGA Ⅱ		SPEA 2		MOEA/D		NSGA Ⅲ	
		总值	差值%	总值	差值/%	总值	差值/%	总值	差值/%	总值	差值/%	总值	差值/%
C	TD	**4330.8**	**0.0**	4656.9	7.5	4910.9	13.4	4529.8	4.6	4724.1	9.1	4597.5	6.2
	FS	12.6	38.5	14.5	59.8	9.5	5.2	**9.1**	**0.0**	9.4	3.3	9.4	3.5
	VF	**454.2**	**0.0**	454.1	0.0	406.9	10.4	390.3	14.6	405.1	10.8	417.2	8.1
R	TD	**5958.2**	**0.0**	6634.7	11.4	6191.4	3.9	6009.5	0.9	6074.6	2.0	6016.9	1.0
	FS	12.8	19.6	13.2	23.7	12.0	12.3	11.1	3.7	10.8	1.2	**10.7**	**0.0**
	VF	424.5	3.2	**438.7**	**0.0**	407.8	7.1	401.4	8.5	395.9	9.8	404.3	7.8
RC	TD	**6249.6**	**0.0**	6946.0	11.1	6487.9	3.8	6540.9	4.7	6615.2	5.9	6353.3	1.7
	FS	13.3	22.5	15.1	38.5	11.9	9.2	**10.9**	**0.0**	11.5	5.5	11.3	3.7
	VF	**423.0**	**0.0**	422.7	0.1	398.5	5.8	392.6	7.2	399.4	5.6	396.6	6.2

注：加粗字体表示性能更佳。

同时需要注意的是，跟原始的改进蚁群算法相比，MOSA-ACO 算法在 Solomon 类型算例中平均转换消耗降低了 10.09%，平均虚拟车辆使用降低了 13.8%，同时总客户服务频次仅下降了 1.03%。因此可以证明在使用了邻域搜索算子和 MOSA 算法后，MOSA-ACO 算法相对于原始的改进蚁群算法，其算法效能有所改进。

从 Cordeau 算例的实验结果可知，MOSA-ACO 算法在基于 Cordeau 测试算例得出的测试集中同样能够找到具有更高的客户服务频次以及更低的转换总消耗的解。在该类型的共 10 个算例中，MOSA-ACO 算法找到了 6 个具有最大总访问次数的解。在该类型的 10 个算例中，MOSA-ACO 算法找到了 8 个具有最低的转换总消耗的解。同时，MOSA-ACO 算法找到了 4 个同时具有最低总转换消耗以及最高客户服务频次的解。对比 NSGA Ⅱ 算法和 NSGA Ⅲ 算法，MOSA-ACO 算法的平均转换消耗降低了 7.3%，平均总服务频次上升了 5.9%，同时总虚拟车辆使用数上升了 10.8%。对比 MOEA/D 算法，MOSA-ACO 算法的平均转换消耗降低了 4.0%，平均总服务频次上升了 4.8%，同时总虚拟车辆使用数上升了 13.3%。对比 IACO 算法，MOSA-ACO 算法的平均转换消耗降低了 7.4%，平均总服务频次上升了 8.5%，同时总虚拟车辆使用数几乎保持一致。在 Cordeau 类算例中，MOSA-ACO 算法展示出与在 Solomon 类算例中几乎相同的问题求解表现。同时可以得出，在该类算例中 MOSA-ACO 算法找到的解的三个目标函数值的最大变异系数分别为 2.9%，4.3% 和 2.8%，因此可以得出结论 MOSA-ACO 算法在大部分情况下的求解表现是较为稳定的。

同样需要注意的是，MOSA-ACO 算法在不同规模的算例上计算时间呈线性变化。该结论能够通过结合表 A.2 和表 5.4 得到。例如，MOSA-ACO 算法在 pr02 上的计算时间约为在 pr01 上的 2.5 倍，而 pr02 的算例规模约为 pr01 的 2 倍。

表 5.4　Cordeau 类算例问题规模分析

内容	pr01	pr02	pr03	pr07	pr08	pr11	pr12	pr13	pr17	pr18
规划周期数	4	4	4	6	6	4	4	4	6	6
虚拟客户数	48	96	144	72	144	48	96	144	72	144

5.3.3　算法超体积表现分析

本书同时针对多个对比算法的超体积（hyper volume，HV）表现进行了评估。超体积表现通常用于评估多目标优化算法在求解优化问题时的多目标优化能力。在本书中，一种基于蒙特卡洛（Monte-Carlo）方法的超体积评估算法被应用于评估各个算法的超体积表现。图 5.10 展示了该方法的一个评估案例。

在图 5.10 中，非支配解集 1 支配了 2 个随机产生的节点，非支配解集 2 支配了 3 个随机产生的节点，因此非支配解集 1 的 HV 值为 0.5，而非支配解集 2 的 HV 值为 0.75。因此可判定非支配解集 2 相比于非支配解集 1 的优化表现更好。

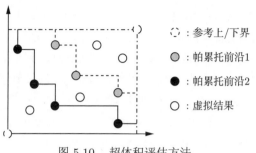

图 5.10　超体积评估方法

　　在本书中，超体积分析的参考点下界被设定为全部对比算法在不同规模的解上求得的三个目标函数的最优值，总转换消耗和总虚拟车辆用量的参考点上界被设定为采用 TWIH 算法求得解的对应目标函数值的两倍，该计算方法属于常用的估算车辆路径问题的总转换消耗和总虚拟车辆用量的参考点上界的方式。而最大客户服务频次的参考点上界被设定为全部客户的最低访问频次之和。另外需要指出的是，由于所有算例的帕累托前沿未知，因此在本书中只分析不同算法得到的帕累托前沿解的超体积值的大小关系。超体积分析结果如图 5.11 所示，超体积分析实验详细结果可见附录 A 中的表 A.3 及表 A.4。

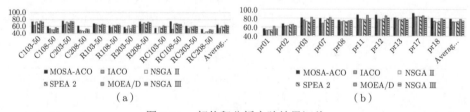

图 5.11　超体积分析实验结果汇总

（a）在 Solomon 类算例中；（b）在 Cordeau 类算例中

　　图 5.11（a）展示了全部算法在 Solomon 类算例中的超体积值。其中，MOSA-ACO 算法在 8 个算例中均获得了最好的超体积分析表现。在全部 12 个 Solomon 类算例上，MOSA-ACO 算法的平均超体积覆盖率为 64.6%，在全部算法中排名第一。在 MOSA-ACO 算法之后的为 MOEA/D 算法，其平均超体积覆盖率为 63.9%。而第三为 NSGA Ⅲ 算法，其平均超体积覆盖率为 62.5%。当考虑最好的超体积覆盖表现时，MOEA/D 算法表现最好，平均最大超体积覆盖率为 72.2%，而 MOSA-ACO 算法的平均最大超体积覆盖率为 72.0%。当考虑最差求解情况时，MOSA-ACO 算法获得了最好的平均最差求解表现，其超体积覆盖率为 57.8%。另外，对比原始的改进蚁群算法，MOSA-ACO 算法的平均超体积表现在 Cordeau

类算例上提升了 9.0%。

图 5.11（b）展示了全部算法在 Cordeau 类算例中的超体积值。其中，MOSA-ACO 算法在 7 个算例中均获得了最好的超体积分析表现。在全部 10 个 Cordeau 类算例上，MOSA-ACO 算法的平均超体积覆盖率为 78.7%，在全部算法中排名第一。在 MOSA-ACO 算法之后的为 MOEA/D 算法，其平均超体积覆盖率为 78.2%。而第三为 NSGA Ⅲ 算法，其平均超体积覆盖率为 74.0%。当考虑最好的超体积覆盖表现时，MOEA/D 算法和 NSGA Ⅲ 算法的表现较好，平均最大超体积覆盖率为 81.6%，而 MOSA-ACO 算法的平均最大超体积覆盖率为 81.2%。当考虑最差求解情况时，MOSA-ACO 算法获得了最好的平均最差求解表现，其超体积覆盖率为 75.9%。另外，对比原始的改进蚁群算法，MOSA-ACO 算法的平均超体积表现在 Cordeau 类算例上提升了 6.1%。

综上所述，可以认为 MOSA-ACO 算法在两类测试算例中均具有较好的超体积覆盖表现，因此可以认为 MOSA-ACO 算法在多目标优化性能，尤其是考虑平均性能和最差情况下的平均性能时，在所有测试的算法中的表现最好。

5.4 本章小结

本章着重研究了空天任务协同分配问题的建模及求解。空天任务协同分配问题的核心问题是在当前已有的任务清单和对应的空天资源集合的基础上，通过对任务执行节点的合理分配，产生具有鲁棒性的空天资源协同任务分配方案。

为求解该问题，本章首先介绍了针对空天任务协同分配问题的模型。该模型是在经典的带时间窗的周期车辆路径问题的基础上，加入可选择客户服务频次的问题特征产生的新问题模型。该模型将任务清单中的任务建模为虚拟客户节点，节点之间的连边代表任务间转换所需要的时间消耗。同时，将空天任务执行资源建模为虚拟车辆，每台虚拟车辆包含相应的资源约束。考虑到空天任务执行资源，尤其是遥感卫星类的执行平台中存在圈次概念，且每个圈次通常仅存在一次任务执行机会，因此本书采用将任务执行机会划分到不同的规划周期的方案解决了该问题。最终，考虑到空天信息采集任务环境存在高度不确定性，因此在该模型中设计了基于增加冗余行动的鲁棒性调度方式。为方案增加冗余行动被设计为一个新的问题优化目标。

为求解该问题，在本书中设计了基于改进蚁群算法和多目标模拟退火的方法——MOSA-ACO 算法求解该问题。该方法首先将问题的求解划分为服务频次分配问题和服务虚拟路径规划问题两部分。在第一部分，MOSA-ACO 算法采用

基于 K-means 聚类的聚类方法和基于改进蚁群算法的问题求解思路，首先生成初始化的服务频次分配方案；在第二部分，采用多目标模拟退火方法结合多种不同的邻域搜索算子对改进蚁群算法产生的初始解进行优化。

本章的主要创新点为：

（1）分析了空天任务协同分配问题的主要特征，建立了空天任务协同分配问题的数学模型。

（2）设计了基于改进蚁群算法和模拟退火算法的问题求解策略，对空天任务协同分配问题进行了求解。

基于蚁群优化的天基资源任务智能规划技术

基于蚁群优化的天基资源任务智能规划技术在确定的天基资源和天基任务条件下，通过基于蚁群优化的天基资源任务智能规划技术对天基任务进行规划，产生最终的天基任务执行方案。该方案应包括的内容为：① 天基任务集合中的每个任务对应的任务执行节点和任务总可用时长；② 每个任务执行节点对应的天基资源。其中，考虑任务总可用时长的原因在于，天基资源任务执行的成功率与分配的可用任务执行时长紧密相关，针对不同的天基需求添加额外任务时长，能够有效地保证天基任务的可行性。因此，本技术考虑在不违反天基任务执行约束的条件下，对任务执行总时长进行优化。下面分别对基于蚁群优化的天基资源任务智能规划技术中的问题模型和求解方法进行介绍。

6.1　问题建模

结合 2.3.3 节描述的天基资源任务规划问题，本书将天基资源任务规划问题描述为一类带特殊优化目标的带时间窗车辆路径问题。与 5.1 节类似，在该问题模型中，天基资源被建模为一系列带有服务能力约束的虚拟车辆，天基任务被建模为带有服务需求时间约束和货物需求约束的虚拟客户节点，天基资源在不同任务间的转换时间被建模为虚拟客户节点之间的路径时间消耗。与空天资源任务分配问题不同的是，在天基资源任务规划问题中，由于每个任务都被分配了确定的服务频次，因此在本问题中不再考虑可变服务频次。与此相对的，在本书中主要考虑服务时间的最大化问题。天基资源任务规划问题可通过图 6.1 描述。

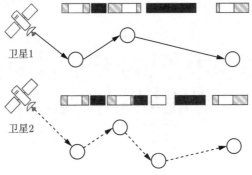

图 6.1　天基资源任务规划问题

为解决图 6.1 表示的天基资源任务规划问题，本书首先对天基资源任务规划问题进行了建模。该模型是一种基于经典的带时间窗的车辆路径问题模型的扩展，具体如下：存在一个无向图 $\boldsymbol{G} = (\boldsymbol{N}, \boldsymbol{E})$，在该图中，$\boldsymbol{N}$ 为全部虚拟客户节点集合，$\boldsymbol{E}$ 为虚拟客户之间的连边关系；d 为虚拟行动开始节点，同时给出在本问题内能够使用的虚拟车辆（代表天基任务执行资源）集合；$\{n_i \in \boldsymbol{N} | i = 1, 2, \cdots, n\}$ 为虚拟客户节点集合，同时包含不同虚拟客户节点的客户需求服务时间窗；$\{e_{ij} \in \boldsymbol{E} | i, j = 0, 1, \cdots, n, i \neq j\}$ 为任务间连边关系集合，该集合还包含不同虚拟客户节点之间的任务转换成本 c_{ij}；虚拟车辆集合 $\{v_k \in \boldsymbol{K} | k = 1, 2, \cdots, \mathrm{km}\}$，该集合还包含每台虚拟车辆的客户服务能力 q_k；评价指标集合 $\{f_l(x) \in \boldsymbol{O} | l = 1, 2, \cdots, o\}$。

在以上图模型的基础上，本书通过定义可定制化的客户自主服务时间，完成了对天基资源任务规划问题的建模。为明确该问题模型，首先给出针对该模型的通用符号定义，如表 6.1 所示。

该问题决策变量为

$x_{ijk} = \{0, 1\}$，$x_{ijk} = 1$ 代表在该可行解中，虚拟车辆 k 经过了连边 ij，否则 $x_{ijk} = 0$，且 $i \neq j, i, j \in \{0, 1, \cdots, N\}$。当 $i = 0$ 或 $j = 0$ 则代表该节点为虚拟行动开始节点。

w_i 代表在虚拟客户节点 i 处的等待时间；

st_i 代表在虚拟客户节点 i 处的服务开始时间；

f_i 代表在虚拟客户节点 i 处的服务结束时间。

天基资源任务规划问题的优化目标包括：

$$\text{minimize} \sum_{k=1}^{K} \sum_{i=0}^{N} \sum_{j=0}^{N} c_{ij} x_{ijk} \tag{6.1}$$

$$\text{minimize} \sum_{k=1}^{K} \sum_{j=1}^{N} x_{0jk} \tag{6.2}$$

$$\text{maximize} \sum_{i=1}^{N} f_i \tag{6.3}$$

表 6.1　天基资源任务规划问题通用符号定义

变量名	变量解释
km	虚拟车辆的最大可用量
n	最大虚拟客户节点数
c_{ij}	与连边 ij 相关联的服务转换成本
t_{ij}	与连边 ij 相关联的服务转换时间，在本书中，$t_{ij} = c_{ij}$
d_i	服务虚拟客户 i 所需要消耗的虚拟车辆的客户服务能力
q_k	虚拟车辆 k 的最大客户服务能力
e_i	虚拟客户 i 的最早服务开始时间
l_i	虚拟客户 i 的最晚服务开始时间
sm_i	虚拟客户 i 所需求的最短服务时间

该问题的约束条件包括：

$$\sum_{k=1}^{K} \sum_{j=1}^{N} x_{ijk} \leqslant \text{km}, \quad i = 0 \tag{6.4}$$

$$\sum_{j=1}^{N} x_{ijk} = \sum_{j=1}^{N} x_{jik}, \quad i = 0,\ k \in K \tag{6.5}$$

$$\sum_{j=0, j \neq i}^{N} \sum_{k=1}^{K} x_{ijk} = 1, \quad i \in N \tag{6.6}$$

$$\sum_{i=0, i \neq j}^{N} \sum_{k=1}^{K} x_{ijk} = 1, \quad j \in N \tag{6.7}$$

$$\sum_{i=0}^{N} \sum_{j=0, j \neq i}^{N} x_{ijk} d_i \leqslant q_k, \quad k \in K \tag{6.8}$$

$$f_i \geqslant \text{sm}_i, \quad i \in N \tag{6.9}$$

$$\text{st}_i \geqslant e_i, \quad i \in N \tag{6.10}$$

$$\text{st}_i + f_i \leqslant l_i, \quad i \in N \tag{6.11}$$

$$\text{st}_i + f_i + t_{ij} + w_j = \text{st}_j, \quad \text{对于任意存在于计划中的路径 } ij \tag{6.12}$$

$$w_j = \max\{0, e_j - \text{st}_i + f_i + t_{ij}\}, \quad \text{对于存在于计划中的路径 } ij \tag{6.13}$$

该模型主要考虑以下三个优化目标：式 (6.1) 代表虚拟客户服务成本最小化；式 (6.2) 代表虚拟车辆用量最小化；式 (6.3) 代表虚拟客户服务时间最大化。该模型的主要约束条件包括：式 (6.4) 代表虚拟车辆资源的最大用量不能超过虚拟车辆资源上限；式 (6.5) 代表虚拟车辆从虚拟车场出发完成服务后必须回到虚拟车场（该约束限制了天基任务执行资源在完成服务计划后必须返回初始状态）；式 (6.6) 保证了任何虚拟车辆不能停留在虚拟客户节点；式 (6.7) 代表在本问题中，任何虚拟客户节点都只能被服务至多一次；式 (6.8) 代表分配给单个虚拟车辆的客户不能超过其客户服务的能力上限；式 (6.9) 代表针对虚拟客户 i 的客户服务时间不能低于该虚拟客户能够接受的服务时间的下限；式 (6.10) 和式 (6.11) 共同保证了提供给虚拟客户 i 的服务时间不能超过该客户能够接受的服务时间上限；式 (6.12) 保证了在一个可行解中每条路径上的服务时间的连续性；式 (6.13) 代表每个虚拟客户都能够在他能够接受到服务的第一时间接受服务。需要指出的是，在一般的带时间窗车辆路径问题中存在两类不同的时间窗，其中带硬时间窗的车辆路径问题中，每个客户的服务时间窗约束都必须被严格遵守；而在带软时间窗的车辆路径问题中，客户需求的服务时间窗约束可以被打破。在本问题中，客户需求服务时间窗为硬时间窗。

6.2 求解方法

为求解天基资源任务规划问题，本书设计了基于改进的多蚁群算法的求解方案——带领域搜索的多蚁群系统（multi-ant system and local search，MAS-LS）算法。

6.2.1 算法框架

MAS-LS 算法在开始阶段采用多蚁群算法产生问题的初始解。多蚁群算法将一个多目标问题分解为多个不同的单目标问题，通过求解带额外约束的单目标优化问题，最终实现对多目标优化问题的求解。在多蚁群算法产生的初始解的基础上，MAS-LS 算法采用多种不同的邻域搜索算子对初始解进行改进。MAS-LS 算法的框架如图 6.2 所示。

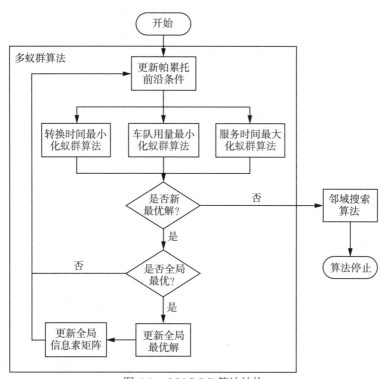

图 6.2　MAS-LS 算法结构

下面针对该算法的具体细节分别进行介绍。

6.2.2　多蚁群算法

为采用多蚁群算法求解该问题，本书针对性地在多蚁群算法中添加了如下设计：① 一个帕累托前沿结构，该结构用于判断由不同的蚁群算法产生的解的质量，并保留帕累托前沿解；② 三个并行运行的蚁群算法，用于针对不同的优化目标进行搜索；③ 一个时间窗插入搜索算法，用于选取需要增加额外服务时间的用户。下面针对这几个关键设计分别进行介绍：

6.2.2.1　帕累托前沿结构

经典蚁群算法只能求解单目标问题，而由于本书所需要解决的问题是一种典型的多目标问题，因此需要针对性的设计多目标求解结构。在 MAS-LS 算法中，该结构被称为帕累托前沿结构。通过该结构，MAS-LS 算法将一个多目标优化问题分解为多个单目标优化问题，并针对每个单目标问题进行分别求解，该结构如图 6.3 所示。

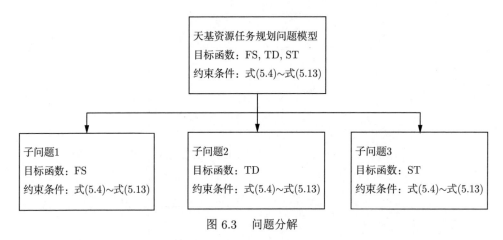

图 6.3   问题分解

在图 6.3 中，天基任务规划问题被分解为三个包含相同约束条件的子问题：最小化转换成本问题、最小化虚拟车辆问题、最大化服务时间问题。为求解这三个子问题，三个平行运行的蚁群算法分别在这三个子问题上进行优化，同时输出这三个子问题的最优解。MAS-LS 算法的帕累托前沿结构存储这三个子问题的最优解，同时将对应的目标值转化为各蚁群算法的额外约束。该过程如图 6.4所示。

以上过程可通过如下示例描述：若子问题 1 找到新的可行解时，其解的质量 TD（总转换消耗）将和帕累托前沿结构中的总转换消耗 TD^* 进行比较。若 $TD^* \geqslant TD$，则将帕累托前沿结构中的总转换消耗更新为 TD。同时，更新其余两个子问题（最小化虚拟车辆使用子问题和最大化总服务时长子问题）中的最大总转换消耗为 TD，从而完成解条件的更新。

同时需要指出的是，当任何一个子问题找到了符合全部约束条件的最优解时，则更新全局最优解为该可行解。此时，需要对该可行解的质量进行重新评价，并记录该解的全部三个目标估值。以及，当在一次循环过程中超过两个蚁群算法找到新的可行解时，全局最优解会被更新为最先被找到的解。

另外，帕累托前沿结构同样是多蚁群算法的停止准则。即当多蚁群算法中的每个蚁群都迭代一定的代数且没有新的可行解被找到时，则多蚁群算法停止并输出当前全局最优解作为最终解。

最后需要指出的是，帕累托前沿结构的初始状态通过如下方案设置：TD^* 通过 TWIH 启发式算法求得；FS^* 等于最大可用虚拟车辆数 km；ST^* 等于全部虚拟客户的初始服务时间的和。

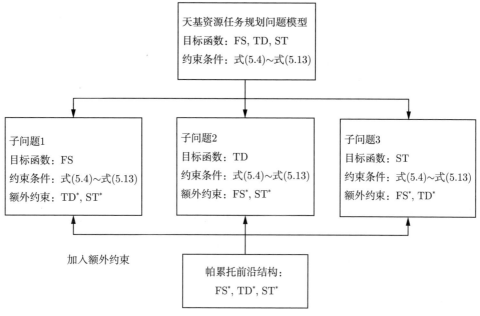

图 6.4　为子问题添加额外约束

6.2.2.2　服务计划构建

在生成了三个子问题后，MAS-LS 算法采用三个平行运行的蚁群算法求解这三个子问题。蚁群算法按照以下步骤构建一个新的计划：首先，在迭代开始时，一只人工蚂蚁被放在虚拟车场，并开始逐步构建他的解。该人工蚂蚁遵循式 (6.14) 的基于概率的准则在不违反约束的条件下选择下一步需要访问的虚拟客户：

$$p_{ij}^k(t) = \begin{cases} \dfrac{\sigma_{ij}(t)}{\displaystyle\sum_{l=1}^{N} \sigma_{il}(t)}, & \text{若节点 } j \text{ 被车辆 } k \text{ 访问} \\[4mm] 0, & \text{否则} \end{cases} \tag{6.14}$$

在式 (6.14) 中，虚拟车辆 k 按照概率 $p_{ij}^k(t)$ 选择在时刻 t 是否要从虚拟客户节点 i 出发并访问虚拟客户节点 j。$\sigma_{ij}(t)$ 是启发式因子，该因子可通过式 (6.15) 计算：

$$\sigma_{ij}(t) = \left(\frac{c_{ij}}{\displaystyle\sum_{l=1}^{N} c_{il}}\right)^{\alpha} \times \left(\frac{\tau_{ij}(t)}{\displaystyle\sum_{l=1}^{N} \tau_{ij}(t)}\right)^{\beta} \tag{6.15}$$

在式 (6.15) 中，$\tau_{ij}(t)$ 代表 t 时刻残留在边 ij 上的信息素的量，α 和 β 是控制启发式信息和信息素信息的重要程度的控制参数。在每个蚁群算法开始迭代时，$\tau_{ij}(0)$ 被统一设置为 $G\tau_0$，$G\tau_0$ 为全局信息素矩阵起始值，关于如何初始化全局信息素矩阵的方法可见全局信息素更新部分。

当人工蚂蚁 k 无法服务更多客户时，该蚂蚁返回虚拟车场。此时若仍有虚拟客户未被访问，则将当前时刻重新设置为开始时刻，该人工蚂蚁重新从虚拟车场出发开始新一轮路径构建；若此时全部虚拟客户已被访问完毕，则新的可行解被构建完成。

每当一个新的解被构筑结束后，MAS-LS 算法通过两个不同的规则：式 (6.16) 和式 (6.17)，来更新局部信息素矩阵。每个蚁群算法均独立保存与自己所求解的问题相关的局部信息素矩阵。如果该新解为可行解，则 MAS-LS 算法通过式 (6.16) 来更新局部信息素矩阵：

$$\tau_{ij}(t+1) = (1-\rho)\tau_{ij}(t) + \rho\tau_0, \quad \text{对于任意存在于解 } t+1 \text{ 中的路径 } ij \quad (6.16)$$

式中，ρ 是信息素蒸发系数，τ_0 是当边 ij 位于当前解中时人工蚂蚁残留在边 ij 上的信息素的量。在本书中，ρ 被设定为 0.01，τ_0 被设定为与 $G\tau_0$ 相同。

如果该解为一个不可行解，则 MAS-LS 算法通过式 (6.17) 进行信息素更新：

$$\tau_{ij}(t+1) = (1-\rho)\tau_{ij}(t) - \rho\tau_0, \quad \text{对于任意存在于解 } t+1 \text{ 中的路径 } ij \quad (6.17)$$

与式 (6.16) 不同，当边 ij 位于一个不可行解中时，MAS-LS 算法通过式 (6.17) 削减信息素矩阵中残留在边 ij 上的信息素的量，从而保证了这条边在后续的迭代中被选择的可能性降低。

MAS-LS 算法采用一个全局信息素矩阵用于保存较好的解的启发式信息。每当帕累托前沿结构被更新时，MAS-LS 算法采用式 (6.18) 更新全局信息素矩阵：

$$G\tau_{ij}(t+1) = (1-\rho)G\tau_{ij}(t) + \rho G\tau_0, \quad \text{对于任意存在于解 } t+1 \text{ 中的路径 } ij \quad (6.18)$$

式中，$G\tau_{ij}(t)$ 是时刻 t 时残留在边 ij 上的全局信息素的量，$G\tau_0$ 是人工蚂蚁残留的全局信息素的量。$G\tau_{ij}(0)$ 的值被设置为与最大迭代次数相等，$G\tau_0$ 被设置为等于 $G\tau_{ij}(0)$。

6.2.2.3　客户服务时间扩展算子

为了实现扩大虚拟客户服务时间的要求，MAS-LS 算法中采用了一种基于时间窗重叠度的算子。该算子首先分析了不同虚拟客户之间服务时间窗的重叠度，其表达式如下：

$$\mathrm{or}_i = \frac{f_i + \sum_{j \neq i, j=1}^{N} \mathrm{ol}_j}{l_i - e_i} \tag{6.19}$$

式中，or_i 代表虚拟客户 i 的时间窗重叠度，ol_j 代表虚拟客户 j 和虚拟客户 i 重叠的时间窗的长度。时间窗重叠度可通过图 6.5 展示。在图 6.5 中，显然客户 2 比客户 5 拥有更低的时间窗重叠度，因此给虚拟客户 2 增加额外服务时间造成总成本上升的可能性要低于给虚拟客户 5 增加额外服务时间。

图 6.5 时间窗重叠度

在计算得到时间窗重叠度 or_i 后，可通过式 (6.20) 计算客户 i 被增加服务时间的概率：

$$\mathrm{pa}(i) = \frac{1/\mathrm{or}(i)}{\sum_{j=1, j \neq i}^{N} 1/\mathrm{or}(j)} \tag{6.20}$$

式中，$\mathrm{pa}(i)$ 代表一个虚拟客户节点被增加服务时间的概率。通过式 (6.20)，MAS-LS 算法保证了虚拟客户节点的时间窗重叠度较小的客户更有可能被增加额外的服务时间。

6.2.3 邻域搜索算子设计

在 MSA-LS 算法中，为了改进 MAS 算子产生的解的质量，包括 2-opt 算法[122]、3-opt 算法[123]、客户节点交换算法、客户节点插入算法、路径交叉算法、路径分割重连算法六种不同的邻域搜索算子被采用。其中，2-opt 算法和 3-opt 算法已在 5.2.4 节介绍过，其余邻域搜索算子的具体操作方式如图 6.6 所示。

另外需要指出的是，由于以上六种邻域搜索算子可能产生不可行解，因此在 MAS-LS 算法中，对邻域搜索过程中产生的不可行解使用文献 [134] 中设计的路径修复算法进行路径修复，以保证产生的新解满足解的可行性要求。该路径修复算法主要操作步骤如下：

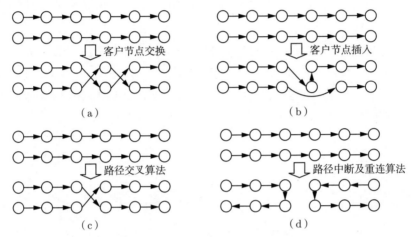

图 6.6　邻域搜索算子

（a）客户节点交换算法；（b）客户节点插入算法；（c）路径交叉算法；（d）路径分割重连算法

（1）将当前路径中不满足约束的客户节点取出，将剩余节点连接为一条完整路径；

（2）按照时间窗的先后顺序尝试将不满足约束的节点逐一插入当前路径，直到所有能够插入的位置均被尝试；

（3）若还存在剩余不满足约束的节点，则增加一条新的路径并将这些节点按照时间窗先后排序并逐一插入当前路径，直到全部不满足约束的节点均被插入一条确定的路径。

6.3　仿真实验及分析

6.3.1　仿真实验设计

为验证 MAS-LS 算法的求解效能，本书在研究了标准算例集和实际问题情况的基础上，设计了相应的计算实验对算法效能进行了评估。本节实验主要分为四部分，首先进行了针对 MAS-LS 算法的参数调优实验，其次分析了多种不同的蚁群算法求解该问题的算法表现，再次针对不同的客户选择规则进行了分析，最后将 MAS-LS 算法与多种其他类型的多目标优化算法效能进行了对比。

本书采用的实验算例主要来源为带时间窗的车辆路径问题中常用的 Solomon

算例集以及 Gehring & Homberger 算例集。为研究 MAS-LS 算法在不同算例规模下的求解效能，本书共选取 50 客户节点、100 客户节点以及 400 客户节点三种不同的算例规模。Solomon 算例集的具体设计规则在 5.3.1 节已有过介绍，此处不再重复。Gehring & Homberger 算例集的设计规则与 Solomon 算例集的设计规则相同。

在本书中，针对不同的算例总时长采取不同的 et_0 用于增加虚拟客户服务时间以降低计算成本。针对算例的总时间长度小于 500，则取 $et_0 = 10$；针对算例的总时间长度大于 500 且小于 3000，则取 $et_0 = 30$；针对算例的总时间长度大于 3000，则取 $et_0 = 50$。

本书所描述的全部算法程序均运行在一台配备 Intel®Core™ i7-6700HQ CPU（4 核，2.6GHz），32GB 内存的计算机上，所有程序均使用 Matlab2014a 语言编写，所有智能优化算法均在每个算例上运行 20 次，并记录全部结果。

6.3.2　MAS-LS 算法参数调优实验结果

智能优化算法控制参数对算法求解表现具有重要影响，因此本节首先针对 MAS-LS 算法的控制参数 α 和 β 在小规模算例上进行了参数调优。在本书中，α 和 β 的取值范围均为 $\{0.5, 1, 2\}$，这三个参数是蚁群算法常用的控制参数。表 6.2 给出了蚁群算法的参数调优实验结果。

表 6.2　蚁群算法参数调优实验结果汇总

算例名称	优化目标	α, β								
		0.5,0.5	0.5,1	0.5,2	1,0.5	1,1	1,2	2,0.5	2,1	2,2
C103.50	ST	4550	5250	5550	5900	**5950**	4950	5150	4950	5300
	FS	7	8	7	8	7	7	7	**6**	8
	TD	628	524	529	619	526	630	509	**461**	536
C104.50	ST	4800	**5200**	4550	4500	4750	4550	4700	4550	4750
	FS	7	7	**6**	**6**	**6**	7	**6**	**6**	**6**
	TD	615	521	526	522	486	532	473	**470**	480
C201.50	ST	4950	4950	4600	4500	4700	**5150**	4900	4750	4550
	FS	6	**3**	5	4	4	4	5	**3**	**3**
	TD	758	428	645	602	**387**	477	507	**387**	393
C205.50	ST	5050	**5450**	4900	4950	4700	4600	**5450**	**5450**	4500
	FS	5	4	4	5	**3**	4	4	**3**	**3**
	TD	699	424	561	566	**376**	531	468	404	411
R101.50	ST	800	800	750	700	500	600	**850**	**850**	550
	FS	16	**14**	16	16	**14**	**14**	18	**14**	15
	TD	1296	1135	1187	1301	**1097**	1114	1285	1164	1126

续表

算例名称	优化目标	α, β								
		0.5,0.5	0.5,1	0.5,2	1,0.5	1,1	1,2	2,0.5	2,1	2,2
R103.50	ST	500	725	600	700	600	650	650	**750**	550
	FS	14	11	10	12	13	10	**9**	**9**	10
	TD	1112	1005	905	1026	964	856	989	959	**893**
R109.50	ST	550	650	550	750	800	**900**	550	650	650
	FS	11	**10**	**10**	11	11	11	**10**	**10**	**10**
	TD	1094	994	987	1096	972	943	973	**937**	962
RC101.50	ST	600	650	750	700	750	600	600	**800**	550
	FS	12	11	11	13	11	**10**	12	11	**10**
	TD	1203	1080	1119	1270	1159	**1042**	1243	1156	1065
RC205.50	ST	650	750	550	700	650	850	650	**950**	800
	FS	7	**5**	**5**	7	6	5	6	**5**	6
	TD	1103	963	964	1036	983	903	1042	979	**913**
RC206.50	ST	1200	1600	1650	1650	1800	1500	1600	**1950**	1350
	FS	**5**	**5**	**5**	6	7	**5**	**5**	**5**	**5**
	TD	927	989	**710**	871	993	770	1020	866	774

注：加粗字体表示获得的结果最佳。

在本书中，计算实验获得的最佳结果被加粗显示。"ST"代表总服务时间，"FS"代表虚拟车辆用量，"TD"代表客户服务总转换时长。根据以上计算实验结果，最终蚁群算法的控制参数组合被确定为 $\{\alpha, \beta\} = \{2, 1\}$。

6.3.3　蚁群算法求解效能对比实验

本节主要展示包括 MAS-LS 算法在内的多种不同蚁群算法求解天基资源任务规划问题的实验结果。本节所对比的全部基于蚁群的优化算法所采用的控制参数均与 MAS-LS 算法保持一致。具体实验结果可见表 6.3。

表 6.3　基于蚁群规则的不同算法计算结果汇总

算法	优化目标	C103.50	C105.50	C201.50	C206.50	R102.50	R108.50	R202.50	RC101.50	RC108.50	RC203.50
MAS-LS	ST	**4950**	**5350**	**4750**	4700	**600**	**650**	700	**800**	600	600
	FS	**6**	**7**	**3**	3	12	7	**5**	**11**	7	**4**
	TD	**461**	510	**387**	412	1058	791	814	**1156**	690	673
MAS	ST	4500	5250	4650	**5700**	500	600	**800**	600	**600**	1000
	FS	7	8	4	**3**	12	7	**5**	12	8	6
	TD	493	600	387	428	1071	828	986	1165	836	891
ACO	ST	4500	4500	4500	4500	500	500	500	600	500	500
	FS	7	**7**	7	5	**12**	7	6	12	**7**	6
	TD	485	**408**	408	517	1070	807	896	1213	695	899

注：加粗字体表示实验结果最佳。

从表 6.3 可得，在全部 10 组测试算例中，MAS-LS 算法在 7 个测试算例上得到了最好的总服务时间表现，在全部 10 个测试算例上均得到最低总服务车辆表现，以及在 9 个算例中得到最低总转换成本表现。在全部 10 个算例中，MAS-LS 算法在 6 个算例中找到了三个目标函数均为最优值的解。通过以上分析可得，MAS-LS 算法在该节测试的全部算法中具有最好表现。

6.3.4　客户选择规则测试

本节介绍不同的用于增加客户服务时间的客户选择规则的效能。本节共测试了三种不同的客户选择规则，包括基于时间窗重叠度的选择规则、基于贪婪法的选择规则以及基于完全随机的选择规则。其中，基于贪婪法的选择规则每次选择客户服务时间最短的客户增加额外服务时间，若多个客户的服务时间相同，则算法随机选择其中一个客户增加额外服务时间。计算实验结果可见表 6.4。

表 6.4　不同客户选择规则对比

选择规则	优化目标	R104.50	R201.50	R205.50	R206.50	C105.50	C107.50	C205.50	C208.50	RC103.50	RC108.50	RC205.50
基于时间窗重叠度	ST	**800**	**1300**	**1500**	**1400**	**5000**	**4950**	5200	4950	600	550	**800**
	FS	8	8	6	5	7	6	3	**2**	9	**6**	6
	TD	**787**	984	**820**	762	500	**391**	393	**359**	1003	**657**	968
基于贪婪法	ST	600	1200	1100	1200	4800	**4950**	5200	4800	600	**600**	650
	FS	9	**8**	**5**	5	**7**	6	3	3	9	7	7
	TD	835	987	865	814	**452**	427	426	417	1032	731	1014
基于完全随机	ST	650	1200	1000	900	4900	4800	5200	**5250**	600	550	750
	FS	8	8	5	5	7	7	3	3	10	**6**	7
	TD	816	**977**	886	809	457	466	402	407	1020	686	1035

注：加粗字体表示实验结果最佳。

实验结果显示，在应用了基于时间窗重叠度的客户选择规则后，平均客户服务时间上升了 4.6%，同时其他两个目标函数值未见显著变化，因此可以得出结论：基于时间窗重叠度的客户选择规则能够提升 MAS-LS 算法在求解该问题时的算法表现。

6.3.5　对比实验结果分析

本节给出 MAS-LS 算法和其他多种多目标优化算法的对比实验及分析。本章的对比实验主要包括四种多目标优化算法，分别为 SPEA2 算法、NSGA II 算法、变邻域搜索（variable neighbor search, VNS）算法[135] 以及多蚁群算法。

在 SPEA2 算法和 NSGA Ⅱ 算法中，种群的初始化采用基于 TWIH 算法和随机初始化的混合方法。交叉算子采用文献 [124] 设计的交叉算子，该算子具体操作方法如下：首先，该算子随机选择一个父代中的一部分路径进入子代，然后将另一个父代中不包含与该部分路径存在冲突客户节点的其余路径加入子代。若此时还存在未被访问的客户节点，则首先尝试将这些节点插入当前已有路径。若插入结束后仍存在未被访问的客户节点，则新建一条路径并将未被访问的节点插入该路径。SPEA2 算法和 NSGA Ⅱ 算法采用的变异操作包括从文献 [124]、文献 [130]、文献 [131] 和文献 [132] 等 4 篇文献中抽取的 11 种不同的变异算子，这 11 种变异算子可被划分为 3 类：客户本路径内交换、客户路径间交换以及针对路径的操作。其中客户本路径内交换算子包括客户随机插入、客户最优位置插入；客户本路径间操作算子包括客户随机迁移、客户最优迁移、客户随机交换、客户最优交换、同时间窗客户互换；针对路径的操作算子包括路径拆分、路径消除、路径新建。为了解决客户服务时间最大化问题，在 SPEA2 算法和 NSGA Ⅱ 算法中同样采用随机加入客户服务时间变异算子。为保证计算资源用量的一致性，SPEA2 算法和 NSGA Ⅱ 算法的种群大小被设为 50，最大迭代次数在算例规模为 100 客户时设定为 200，在算例规模为 400 客户时被设定为 400。

在变邻域搜索算法中，初始解的生成采用最近邻算法和随机生成法。邻域结构采用与 MAS-LS 算法中采用的邻域结构（2-opt 算法、3-opt 算法、客户节点交换和路径重连）相同的邻域结构以及 SPEA2 和 NSGA Ⅱ 算法中使用的路径消除和路径拆分邻域结构。变邻域搜索算法同样采用随机加入客户服务时间的算子增加客户服务时间。最终实验结果可见表 6.5、表 6.6 及图 6.7 与图 6.8。详细实验结果记录可见附录 A 中的表 A.5 及表 A.6。

需要指出的是，表 A.5 和表 A.6 中记录的目标函数最优值分别取各算法找到的帕累托前沿的最优值而非属于同一个解。

从表 A.5 和表 A.6 中可得出结论如下：当考虑解的平均质量时，MAS-LS 算法具有明显优势。在表 A.5 记录的全部 10 个测试算例中，MAS-LS 算法找到了 8 个解包含至少两个最优目标函数值。在全部 10 个解中，MAS-LS 算法找到的解的目标函数值距离最优目标函数值的最大差值分别为 1.6%，8.3% 和 6.4%（按照虚拟车辆数、最大客户服务时间以及总转换时间排序）。在表 A.6 记录的全部 12 个测试算例中，MAS-LS 算法找到了 9 个解包含至少两个最优目标函数值。在全部 12 个测试算例中，MAS-LS 算法找到的解的目标函数值距离最优目标函数值的最大差值分别为 6.8%，4.9% 和 1.1%（按照虚拟车辆数、最大客户服务时间以及总转换时间排序）。

表 6.5　100 虚拟客户规模算例集计算结果总结

算例类型	优化目标	MAS-LS		MAS		NSGA Ⅱ		SPEA 2		VNS	
		平均值	最优值	平均值	最优值	平均值	最优值	平均值	最优值	平均值	最优值
C	ST	**0.00%**	2.24%	2.35%	2.86%	5.30%	10.64%	2.31%	**0.00%**	0.81%	1.83%
	TD	**0.00%**	**0.00%**	1.69%	1.57%	9.82%	7.78%	7.90%	1.50%	9.30%	0.72%
	FS	5.31%	3.03%	6.95%	3.03%	**0.00%**	**0.00%**	3.04%	9.09%	5.03%	3.03%
R	ST	1.69%	**0.00%**	**0.00%**	2.56%	2.96%	8.21%	9.08%	5.90%	0.81%	6.41%
	TD	**0.00%**	0.50%	0.48%	0.02%	1.33%	0.52%	6.09%	**0.00%**	3.45%	0.73%
	FS	4.72%	4.76%	11.59%	9.52%	0.54%	**0.00%**	4.72%	7.14%	**0.00%**	4.76%
RC	ST	4.71%	3.49%	2.27%	0.80%	**0.00%**	0.91%	9.62%	**0.00%**	2.75%	0.80%
	TD	**0.00%**	**0.00%**	2.35%	3.09%	3.23%	2.49%	3.99%	0.29%	4.20%	3.53%
	FS	4.97%	2.50%	10.19%	5.00%	2.98%	**0.00%**	9.02%	2.50%	**0.00%**	5.00%

注：加粗字体表示实验结果最佳。

表 6.6　400 虚拟客户规模算例集计算结果总结

算例类型	优化目标	MAS-LS		MAS		NSGA Ⅱ		SPEA 2		VNS	
		平均值	最优值	平均值	最优值	平均值	最优值	平均值	最优值	平均值	最优值
C	ST	1.2%	2.3%	**0.0%**	**0.0%**	6.1%	9.8%	8.3%	9.7%	2.4%	3.0%
	TD	**0.0%**	**0.0%**	27.6%	30.3%	8.3%	5.2%	9.4%	7.1%	5.6%	5.1%
	FS	0.3%	0.7%	0.9%	0.0%	0.5%	0.7%	0.5%	1.4%	**0.0%**	0.7%
R	ST	**0.0%**	2.7%	0.9%	**0.0%**	1.6%	12.2%	4.0%	13.1%	6.1%	13.3%
	TD	**0.0%**	**0.0%**	30.3%	28.9%	2.1%	2.4%	4.9%	3.0%	3.4%	3.0%
	FS	3.8%	1.2%	1.9%	0.0%	0.5%	**0.0%**	0.7%	**0.0%**	1.5%	1.2%
RC	ST	0.9%	2.1%	**0.0%**	**0.0%**	7.7%	22.8%	2.2%	4.6%	3.9%	5.4%
	TD	**0.0%**	1.8%	27.6%	30.8%	1.0%	**0.0%**	4.0%	5.2%	1.7%	4.4%
	FS	2.5%	0.9%	5.9%	4.5%	2.9%	4.5%	1.6%	2.7%	**0.0%**	**0.0%**

注：加粗字体表示实验结果最佳。

当考虑在不同算例上的最优目标函数值时，全部 5 个算法均未表现出压倒性优势。其中，在 100 客户节点规模的算例中，MAS-LS 算法找到了 4 个包含最优转换消耗的算例、3 个包含最大服务时间的算例以及 6 个包含最小虚拟车辆用量的算例。在全部 12 个算例中，MAS-LS 算法找到的解的目标函数值距离最优目标函数值的最大差值分别为 14.3%，15.4% 和 7.4%（按照虚拟车辆数、最大客户服务时间以及总转换时间排序）。MAS-LS 算法在 400 客户节点规模的算例中，找到了 4 个包含最优转换消耗的算例、4 个包含最大服务时间的算例以及 3 个包含最小虚拟车辆用量的算例。在全部 10 个算例中，MAS-LS 算法找到的解的目标函数值距离最优目标函数值的最大差值分别为 8.6%，5.6% 和 4.5%（按照虚拟车辆数、最大客户服务时间以及总转换时间排序）。

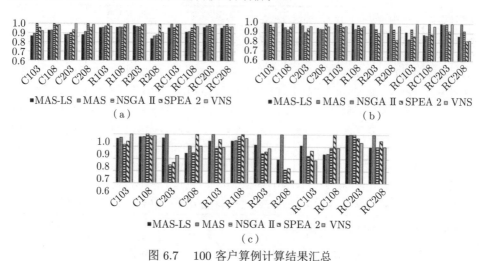

图 6.7　100 客户算例计算结果汇总

（a）服务成本统计；（b）服务收益统计；（c）资源用量统计

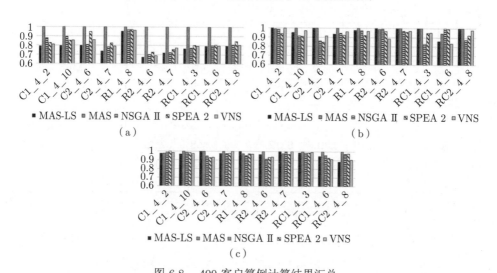

图 6.8　400 客户算例计算结果汇总

（a）服务成本统计；（b）服务收益统计；（c）资源用量统计

　　表 6.5 及表 6.6 展示了各算法在不同类型的算例集中得到的解距离最优解的表现情况。从表 6.5 及表 6.6 中可得出结论，MAS-LS 算法更加擅长于找到具有更低的总客户转换消耗的解。同时需要指出的是，在加入了邻域搜索算子后，对比经典的多蚁群算法，MAS-LS 算法的平均总客户转换消耗量在大规模算例上下降约 25%。这也证明了邻域搜索算子的有效性。

从表 A.5 和表 A.6 中还可得出结论：在大部分算例中，MAS-LS 算法均具有较稳定的表现，三个目标函数的平均变异系数在 100 客户节点规模的算例上分别为 9.3%，4.4% 和 9.4%，在 400 客户节点规模的算例上分别为 6.3%，2.7% 和 3.7%。因此可以认为，MAS-LS 算法是一个较为稳定的算法。

需要额外指出的是，研究过程中发现 5 种算法在不同类型的算例上的稳定性差异存在不同。因此本书分析了不同算例的具体算例特征如表 6.7 及表 6.8 所示。

表 6.7 100 虚拟客户规模算例集特征

项目	优化目标	C103	C108	C203	C208	R103	R108	R203	R208	RC103	RC108	RC203	RC208
算例优化目标特征值	规划时间总时间长度	1236.0	1236.0	3390.0	3390.0	230.0	230.0	1000.0	1000.0	240.0	240.0	960.0	960.0
	客户时间窗总长度	47.6	19.7	50.6	18.9	44.8	66.7	54.2	78.3	46.9	46.8	53.9	49.2
	虚拟车辆服务能力	200.0	200.0	700.0	700.0	200.0	200.0	1000.0	1000.0	200.0	200.0	1000.0	1000.0
	客户需求服务能力（均值）	9.1	9.1	2.6	2.6	7.3	7.3	1.5	1.5	8.6	8.6	1.7	1.7
MAS-LS 离散度	ST	3.8%	5.9%	7.4%	4.7%	8.2%	7.3%	13.7%	10.8%	5.4%	8.3%	7.7%	9.6%
	TD	4.1%	5.8%	6.2%	5.6%	1.9%	3.0%	2.1%	3.2%	3.1%	3.3%	2.7%	2.6%
	FS	6.3%	6.0%	9.6%	10.6%	2.6%	4.2%	10.6%	10.6%	4.7%	5.1%	9.6%	14.4%

结合表 6.7、表 6.8、表 A.5 和表 A.6 可知，当算例具有较低的平均客户需求以及虚拟车辆的客户服务能力较大时，算法的计算表现趋于不稳定。造成该现象的主要原因是平均客户需求较低且车辆服务能力较强，造成分配给单个虚拟车辆的虚拟客户节点较多，从而导致给客户增加额外的服务时长更容易导致整个路线规划的变化，最终导致解的不稳定。

表 6.8 400 虚拟客户规模算例集特征

项目	优化目标	C1_4_2	C1_4_10	C2_4_6	C2_4_7	R1_4_8	R2_4_6	R2_4_7	RC1_4_3	RC1_4_6	RC2_4_8
算例优化目标特征值	规划时间总时间长度	1501.0	1501.0	3693.0	3693.0	804.0	3213.0	3213.0	765.0	765.0	3060.0
	客户时间窗总长度	18.9	127.7	53.9	67.6	272.9	119.8	209.8	185.5	31.4	62.8
	虚拟车辆服务能力	200.0	200.0	700.0	700.0	200.0	1000.0	1000.0	200.0	200.0	1000.0
	客户需求服务能力（均值）	9.1	36	10.8	10.8	35.5	7.1	7.1	35.6	35.6	7.1
MAS-LS 离散度	ST	1.9%	3.2%	2.0%	3.4%	9.1%	6.5%	12.0%	7.7%	8.5%	8.7%
	TD	2.6%	1.3%	9.7%	2.7%	1.9%	1.4%	2.2%	2.3%	1.2%	1.9%
	FS	2.6%	1.2%	3.6%	3.4%	2.3%	4.6%	6.5%	2.4%	3.6%	6.9%

最后需要指出的是，在本书中，MAS-LS 算法对比基于种群规则的算法（SPEA2 算法和 NSGA Ⅱ 算法）具有更低的计算代价。其主要原因是 SPEA2 算法和 NSGA Ⅱ 算法所使用的交叉和变异操作需要大量的遍历操作和约束检查操作，从而增加了这类算法的计算成本。在全部测试算法中，VNS 算法则具有相对最低的计算代价。

6.4   本章小结

本章主要研究了天基资源任务规划问题的建模及求解。天基资源任务规划问题的核心为在给定的空天任务分配方案的基础上，通过对任务可用执行时长的合理分配，产生具有鲁棒性的天基资源任务规划方案。

为解决该问题，本章首先针对天基资源任务规划问题进行了建模。该模型为在经典的车辆路径问题的基础上加入客户服务时间可定制化优化目标的组合优化问题模型。为求解该模型，本章设计了一种基于多蚁群算法和多种不同的邻域搜索算子的智能优化方法：MAS-LS 算法。MAS-LS 算法首先对天基资源任务规划问题进行了分解，并采用不同的蚁群系统对该问题进行了求解，然后采用邻域搜索算法对 MAS-LS 算法产生的初始解进行优化，并生成最终解集。

本章的主要创新点为：

（1）分析了天基资源任务规划问题的主要特征，建立了天基资源任务规划问题的数学模型。

（2）设计了基于多蚁群系统和邻域搜索算法的问题求解策略，对天基资源任务规划问题进行了求解。

基于演化计算的空基资源任务
智能规划技术

无人机集群是空天信息系统中一类重要的空基任务执行资源,自组织无人机集群是无人机集群的一种具有代表性的组织形式。本章针对自组织无人机集群参与空天任务的具体问题,设计了基于演化计算的空基资源任务智能规划技术。该技术首先介绍了一种灵活且具有可扩展性的基于规则系统的无人机集群控制模型。本章使用该模型解决了自组织无人机集群的基本行为控制问题。在此基础上,为优化该控制模型的表现,设计了一种基于多目标演化计算方法的控制模型参数调优方法。下面对该控制模型和参数调优方法分别进行介绍。

7.1 空基资源任务规划模型

自组织无人机集群的任务规划问题,主要为该集群在任务区域内的航迹规划问题。自组织无人机集群的航迹规划主要由无人机个体通过与环境的交互自主决定,因此解决该问题的首要任务是设计合理的无人机集群控制模型。有关无人机集群控制模型的相关知识已在 1.2.3 节中介绍过,因此在本节主要介绍与本章研究紧密相关的无人机集群控制模型背景。

目前针对无人机集群的控制模型主要分为三种。第一种是源自 Vicsek 模型的控制模型,该模型首先提出于 1995 年[136]。在该模型中,每一个个体下一步的移动速度取决于该个体能够观察到的种群的整体移动速度以及一个随机扰动。该模型仅在种群密度较大且通信噪声较小的情况下能够保证较好的群体性。第二种重要模型是来源于 Reynolds 三控制原则的 Couzin 模型[137]。在该模型中,主要考虑如下两个控制原则：① 个体间总是倾向于保持一个较小的距离；② 个体总是倾向于维持和周边个体相同的移动速度和移动方向。第三种方法为基于势力场法（potential field）[138] 的控制规则。在该规则下，目标相对于无人机个体存在引力，而场景内的障碍物和其他个体则对当前无人机个体存在斥力。斥力和引力的大小取决于当前个体和目标物之间的距离。该规则主要用于确定场景下的单个或多个机器人的目标定向和障碍规避活动。

本书选择一种基于 Reynolds 模型的可扩展模型 O-Flocking[139] 作为无人机集群控制模型的研究对象。选择 O-Flocking 模型作为本书的主要对象的原因包括：

（1）O-Flocking 模型为 Reynolds 模型的扩展，Reynolds 模型作为无人机集群控制领域最具代表性和通用型的控制模型，在无人机集群控制领域具有广泛应用。

（2）O-Flocking 模型作为一种基于规则库和 Reynolds 模型的多规则控制模型，能够通过简单的场景判断来改变其控制逻辑，从而适应多种不同类型的应用场景。

（3）O-Flocking 模型作为一种基于规则库和 Reynolds 模型的多规则控制模型，能够通过简单的扩展规则库方法适应新的任务场景。

下面给出 O-Flocking 控制模型的简要介绍。

7.1.1　基本假设

为阐明本书的背景，本章首先给出关于自组织无人机集群的基本假设：

（1）自组织无人机集群中的个体无人机应满足功能、结构简单的特征；

（2）自组织无人机集群中的个体中不存在领导者角色，无人机集群中的个体行为完全由个体探知的周围环境决定；

（3）自组织无人机集群在任务执行的过程中除了目标点位置信息以及任务执行时间信息外不需要接收来自指控系统的其他指令。

另外，本节给出关于本书所采用的实验场景和关于自组织无人机集群系统的其他假设如下：

（1）无人机集群中的每一个个体都必须穿过任务执行区域并达到对应的目标位置；

（2）无人机中的每一个个体均应尽量避免与其他个体或障碍物发生碰撞，若发生碰撞则视为该个体死亡；

（3）任何一台无人机均不允许飞出任务执行区域边界，触碰任务执行区域边界同样视为死亡；

（4）无人机执行任务的时间不计算在无人机的飞行时间中；

（5）无人机有最大速度限制；

（6）无人机的通信范围和探测范围均有限；

（7）无人机间的通信存在延迟。

其中，基本假设（5）（6）（7）为考虑到现实世界中无人机的能力约束加入的假设，以使本书所研究的模型更加贴近现实问题。

7.1.2　无人机速度更新模型

考虑到空基资源任务规划问题的特征，本书所述无人机集群控制模型应包含以下三个功能：任务区域内的目标导航、任务区域内的避障，以及任务区域内的无人机集群队形保持，这三个部分可通过图 7.1 表示。

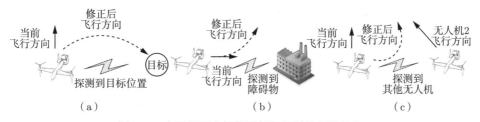

图 7.1　自组织无人机集群任务规划的主要任务

（a）目标导航；（b）碰撞避免；（c）队形维持

其中，图 7.1（a）主要负责引导自组织无人机集群中的个体飞向对应的空基任务目标点并完成空基任务；图 7.1（b）主要负责防止自组织无人机集群中的个体与目标区域内可能存在的障碍物的碰撞或离开任务目标区域；图 7.1（c）则主要保证了自组织无人机集群在任务执行的过程中能够维持编队队形。设计队形维持需求的原因是无人机个体存在极限通信范围，在任务执行的过程中保证无人机集群中的个体位于通信极限范围内能够有效地保证无人机个体间的通信畅通。

为解决上述三个问题，本书设计了针对这三个问题的无人机个体速度更新模型。该模型主要由三部分组成，分别为针对目标导航问题的定向力模型、针对碰撞避免问题的防撞力模型以及针对队形维持问题的队形维持力模型。下面分别描述这三种不同的力对无人机速度更新的作用。

7.1.2.1　定向力

定向力是吸引无人机集群中的个体向既定目标运动的力。该力可以通过如下公式表示：

$$\Delta v_i^{\text{tar}} = \frac{p_t - p_i}{r_{it}} \tag{7.1}$$

式中，Δv_i^{tar} 表示定向力的大小；p_t 表示用向量表示的目的地所处位置；p_i 为用向量表示的个体当前所处的位置；r_{it} 为目的地和当前个体间的距离。

7.1.2.2 防撞力

防撞力为避免无人机集群中的个体和障碍物相撞的力。当无人机个体探测到障碍物时，会在障碍物表面生成虚拟个体。每个虚拟个体会向当前无人机个体输出一个斥力。通过这些斥力的合力可以求得针对单个无人机的防撞力。该力可以通过如下公式表示：

$$\Delta v_i^{\text{obs}} = \sum_m^M \left(r_0^{\text{obs}} - r_{im} \right) \times \frac{p_i - p_m}{r_{im}}, \quad r_{im} < r_0^{\text{obs}} \tag{7.2}$$

式中，Δv_i^{obs} 为无人机个体受到的防撞力；r_0^{obs} 为个体最远可探测到障碍物的距离；r_{im} 为个体探测到的位于障碍物表面的虚拟个体距离当前个体的距离；p_m 为用向量表示的障碍物 m 的空间位置；M 为当前个体 i 能够探测到的障碍物的总数。

7.1.2.3 队形维持力

队形维持力用于保证无人机集群表现出足够的群体性（包括聚集在无人机最大可通信范围的指定范围内以及保持无人机集群中的个体的运动速度和方向的一致性）。在本书中，队形维持力同样包括三部分，即斥力、同向力以及引力。当无人机探测到其他个体时，根据其他个体距离当前无人机的距离，分别表现出不同的队形维持力模式。具体的判断方式如下：当探测到的个体与当前无人机的距离小于 R_0 时，队形维持力表现为斥力；当探测到的个体与当前无人机的距离大于 R_0 且小于 R_1 时，队形维持力表现为同向力；当探测到的个体与当前无人机的距离大于 R_1 且小于 R_2 时，队形维持力表现为斥力。队形维持力的判断模式如图 7.2 所示。

下面分别详细介绍这三种力的作用方式。

当无人机个体探测到另一个个体和其自身的距离小于最大排斥距离 r_0^{rep} 时，则该个体对当前个体施加斥力。斥力的大小通过以下公式决定：

$$\Delta v_{ij}^{\text{rep}} = \left(r_0^{\text{rep}} - r_{ij} \right) \times \frac{p_i - p_j}{r_{ij}} \tag{7.3}$$

式中，$\Delta v_{ij}^{\text{rep}}$ 代表个体 i 受到另一个个体 j 的斥力；r_{ij} 为个体 i 和个体 j 之间的距离；p_i 和 p_j 为用向量表示的个体 i 和个体 j 在当前空间之中的位置。通过式 (7.3)，可以得出个体在某一时刻所受到的来自其他个体的斥力：

$$\Delta v_i^{\text{rep}} = \sum_{j=1, j \neq i}^N \Delta v_{ij}^{\text{rep}}, \quad r_{ij} < r_0^{\text{rep}} \tag{7.4}$$

式中，$\Delta v_i^{\mathrm{rep}}$ 为当前个体 i 受到的来自其他个体的全部斥力之和；N 代表整个集群中全部无人机的集合。通过引入斥力，能够保证无人机在群体行进的过程中尽可能不与其他个体发生碰撞。

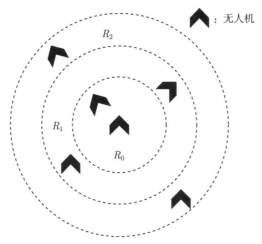

图 7.2　斥力、引力和同向力的判断

在本书所描述的模型中，同向力用于缩小在 R_1 范围内的无人机之间速度之差（包括速度的大小和方向），进而使整个无人机集群表现出更好的群体特性。同向力可以通过如下公式表示：

$$\Delta v_i^{\mathrm{ali}} = \frac{1}{n_{\mathrm{ali}}} \sum_{j=1,j\neq i}^{N} \frac{v_j}{|v_j|}, \quad r_0^{\mathrm{rep}} < r_{ij} < r_0^{\mathrm{ali}} \tag{7.5}$$

式中，$\Delta v_i^{\mathrm{ali}}$ 为个体 i 受到的同向力的大小；v_j 是通过向量表示的当前无人机的速度；n_{ali} 为位于 R_1 范围内的无人机的数量；r_0^{ali} 为 R_1 的最大值。

最终，当当前个体探测到其他个体位于 R_1 到 R_2 之间时，则该个体会对当前个体产生引力，从而使这两个个体靠拢。这是为了保证无人机集群内的任意两个个体间的距离能够维持在一个合理的范围内，从而使无人机集群保持基本的群体形态。单个个体对其他个体施加的引力作用为

$$\Delta v_{ij}^{\mathrm{att}} = \frac{1}{r_0^{\mathrm{att}} - r_{ij}} \times \frac{p_j - p_i}{r_{ij}} \tag{7.6}$$

式中，$\Delta v_{ij}^{\mathrm{att}}$ 代表个体 j 对个体 i 释放的引力，r_0^{att} 为 R_2 的最大值。通过式 (7.6) 可得出，当个体 j 在 R_2 范围内距离个体 i 越远时，个体 j 对个体 i 施加的引力

则越大。通过式 (7.6) 可得，个体 i 在某一时刻受到的引力总量的大小为

$$\Delta v_i^{\mathrm{att}} = \sum_{j=1,j\neq i}^{N} \Delta v_{ij}^{\mathrm{att}}, \quad r_0^{\mathrm{ali}} < r_{ij} < r_0^{\mathrm{att}} \tag{7.7}$$

其中，$\Delta v_i^{\mathrm{att}}$ 为个体 i 所受到的引力。

通过以上 6 个公式，最终可得到个体下一阶段的速度为

$$v_i(t+1) = v_i(t) + \Delta v_i \tag{7.8}$$

其中

$$\Delta v_i = a\Delta v_i^{\mathrm{rep}} + b\Delta v_i^{\mathrm{ali}} + c\Delta v_i^{\mathrm{att}} + d\Delta v_i^{\mathrm{tar}} + e\Delta v_i^{\mathrm{obs}}$$

由于考虑到针对不同的环境情况设计对应的基于规则的速度更新公式的需求，因此在式 (7.8) 中，引入了 $\{a,b,c,d,e\}$ 共 5 个参数用于描述在不同场景和任务下，个体对环境探测的不同导致的不同类型的力的重要性的变化。需要声明的是，考虑到在现实情况下，无人机的速度不可能无限增加，因此设定了一个无人机速度的上限 v^{max}。因此最终的速度更新公式为

$$v_i(t+1) = \frac{v_i(t+1)}{|v_i(t+1)|} \times \min(|v_i(t+1)|, v^{\mathrm{max}}) \tag{7.9}$$

由于本书使用了基于规则系统的速度更新模型，因此下面继续介绍本书中的规则系统部分。

7.1.3　速度更新规则系统

在 O-Flocking 控制模型中，存在一个速度更新规则系统解决无人机集群在不同环境下的不同行为模式问题，为介绍该速度更新规则系统，首先需要明确判断条件 zor$_{\mathrm{obs}}$，如图 7.3 所示。

在本书中，考虑到无人机集群面临的任务状态，因此设计如下 4 个状态：

$$\begin{cases} \text{规则 1: } i = 0 \text{ 且 } o = 0 \\ \text{规则 2: } i = 0 \text{ 且 } o \neq 0 \\ \text{规则 3: } i \neq 0 \text{ 且 } o = 0 \\ \text{规则 4: } i \neq 0 \text{ 且 } o \neq 0 \end{cases} \tag{7.10}$$

其中，i 代表本无人机探测范围 R_3 内其他无人机的数量；o 代表该无人机探测范围 zor$_{\mathrm{obs}}$ 内探测到的障碍物的数量。因此，无人机集群最终的个体速度更新公式

可定义为

$$\Delta v_i = \begin{cases} a_1\Delta v_i^{\text{rep}}+b_1\Delta v_i^{\text{ali}}+c_1\Delta v_i^{\text{att}}+d_1\Delta v_i^{\text{tar}}+e_1\Delta v_i^{\text{obs}}, & \text{规则 1} \\ a_2\Delta v_i^{\text{rep}}+b_2\Delta v_i^{\text{ali}}+c_2\Delta v_i^{\text{att}}+d_2\Delta v_i^{\text{tar}}+e_2\Delta v_i^{\text{obs}}, & \text{规则 2} \\ a_3\Delta v_i^{\text{rep}}+b_3\Delta v_i^{\text{ali}}+c_3\Delta v_i^{\text{att}}+d_3\Delta v_i^{\text{tar}}+e_3\Delta v_i^{\text{obs}}, & \text{规则 3} \\ a_4\Delta v_i^{\text{rep}}+b_4\Delta v_i^{\text{ali}}+c_4\Delta v_i^{\text{att}}+d_4\Delta v_i^{\text{tar}}+e_4\Delta v_i^{\text{obs}}, & \text{规则 4} \end{cases} \tag{7.11}$$

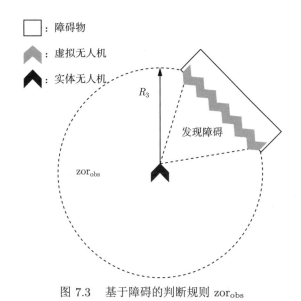

图 7.3　基于障碍的判断规则 zor_{obs}

如式 (7.11) 所示，全部四种不同规则下需要优化的无人机个体速度更新模型参数共 $\{a_1,b_1,c_1,d_1,e_1,a_2,b_2,c_2,d_2,e_2,a_3,b_3,c_3,d_3,e_3,a_4,b_4,c_4,d_4,e_4\}$ 20 个。考虑到需要优化的参数较多，且在空天资源协同任务规划问题中，能够进行仿真计算的时间十分有限，因此考虑采用基于演化计算的多目标优化方法进行参数调优。该优化方法细节见 7.2 节。

7.2　基于演化计算的无人机集群控制模型优化方法

本书采用一种基于改进 SPEA2 的多目标优化算法（improved strength Pareto evolutionary algorithm-2，ISPEA2），对模型参数进行优化。SPEA2 是一种被广泛应用于各类多目标优化场景基于种群的启发式算法。关于 SPEA2 的算法结构和其进行多目标优化的非支配排序机制可见文献 [125]。本书所采用的 ISPEA2 算法的结构如图 7.4 所示。

下面主要介绍针对无人机集群控制模型的参数优化问题对 SPEA2 算法做的特定改进，具体如下：

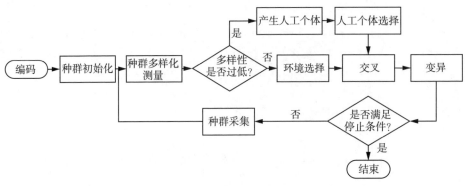

图 7.4　ISPEA2 算法结构

7.2.1　编码操作

为使用 ISPEA2 算法处理无人机集群控制问题，首先采取一维自然数顺序编码方式对 O-Flocking 模型中需要进行调优的参数进行了编码，具体编码方式如图 7.5 所示。

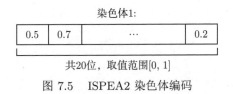

图 7.5　ISPEA2 染色体编码

7.2.2　交叉操作

在交叉操作阶段，随机采用两种不同的交叉算子进行交叉操作。这两种交叉算子被命名为随机交叉算子和同公式交叉算子。随机交叉算子随机选取两条染色体上最多 5 个对应位置的基因进行交换。同公式交叉算子则随机选择两条染色体上代表同一个公式的 5 个参数的基因进行交换。图 7.6 为随机交叉算子示意图，图 7.7 为同公式交叉算子示意图。在本书中，采用轮盘赌算法对父代染色体进行选择。

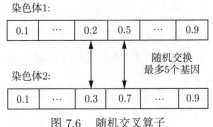

图 7.6　随机交叉算子

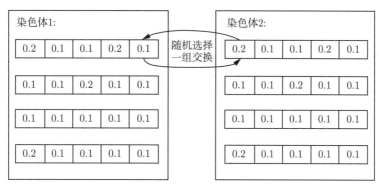

图 7.7 同公式交叉算子

7.2.3 变异操作

在变异操作阶段,ISPEA2 算法随机选择一条染色体中的最多三个基因位,并将该基因位上的基因进行变更。新的基因位的赋值在 $[0,1]$ 中随机选择。

7.2.4 环境选择

环境选择算子用于在 ISPEA2 算法的每一次迭代后,通过基于帕累托支配的选择规则选择进入下一代迭代的父代染色体。首先在 ISPEA2 中,存在一个外部种群池 $\bar{p}_t$ 用于产生第 $t+1$ 代种群 p_{t+1}。该外部种群池存储了往代所找到的全部帕累托解。为产生 p_{t+1},首先建立一个空集 p_{t+1}。然后将 $\bar{p}_t$,p_t 和 p_t 产生的全部子代中的帕累托解加入 p_{t+1}。如果 p_{t+1} 的规模超过了每代种群的规模上限 $\bar{N}$,则测量各帕累托解之间的密度关系,同时将密度较大的帕累托解移除。如果 p_{t+1} 中的染色体个数仍小于每代种群的规模上限 $\bar{N}$,则将 $\bar{p}_t$,p_t 和 p_t 产生的全部子代中的支配解加入种群 p_{t+1},直到 p_{t+1} 的规模等于种群规模上限 $\bar{N}$。该部分的具体设计方案可见文献 [125]。

7.2.5 种群多样性控制

ISPEA2 算法在经典 SPEA2 算法的基础上,着重改进了 SPEA2 算法的种群多样性控制策略。其主要原因是,一般而言,在基于种群设计的智能优化算法中,维持相对较高的种群多样性有利于防止算法陷入局部最优解。在 ISPEA2 算法中,除了原本用于产生新一代种群的外部种群池 $\bar{p}_t$ 外,还存在一个人工染色体存储池 $\overline{ac}_t$。该池主要用于存储评价值较好且具有高度多样性的染色体。当当前种群 p_t 的种群多样性过低时,ISPAE2 算法从 $\overline{ac}_t$ 抽取样本并制造人工染色体注入

当前种群 p_t。该方法被称为动态多样性控制（dynamic diversity control，DDC）方法，它的主要流程如下：

7.2.5.1 种群多样性度量

在每次迭代开始前，ISEA2 算法首先通过式 (7.12) 度量本代种群 p_t 的多样性：

$$D\left(P\right) = \frac{1}{|L|\,\mathrm{ps}} \sum_{i=1}^{\mathrm{ps}} \sqrt{\sum_{j=1}^{N} \left(s_{ij} - \bar{s}_j\right)^2} \tag{7.12}$$

式中，$|L|$ 是问题空间对角线的长度，在本书中 $|L| = 20$；s_{ij} 是染色体 i 的第 j 个基因位上的值；$\bar{s}_j$ 是全部染色体中该基因位 j 的均值；ps 是种群池的大小。

ISPEA2 算法采用式 (7.12) 在每代迭代开始前测量当前种群的多样性，当种群多样性 $D\left(P\right)$ 低于预先设定的阈值 d_{low} 时，ISPEA2 算法通过如下方法制造具有高多样性的人工染色体并注入当前种群，以维持当前种群的种群多样性。

7.2.5.2 单个染色体对种群多样性的贡献度度量

在明确了种群多样性度量后，ISPEA2 算法还需要对单个染色体的种群多样性贡献进行度量。在这一步，本书采用基于熵的染色体多样性度量规则，用于度量每个染色体的多样性。首先需要说明的是，由于基于熵的度量方式需要保证测量的变量是离散的，因此 ISPEA2 算法首先针对每个染色体上的基因位数值进行离散化并将不同数值分配到从 $[0, 0.1)$ 到 $[0.9, 1]$ 共 10 个固定长度的区间内。然后，ISPEA2 算法计算每个基因位上的数值落入每个区间的概率，其表达式如下：

$$\mathrm{pr}_{iv} = \frac{\mathrm{na}_{iv}}{\mathrm{ps}} \tag{7.13}$$

式中，pr_{iv} 是基因 i 落入区间 v 的概率；na_{iv} 是基因 i 上的数值落入区间 v 的次数。在此基础上，本书采用式 (7.14) 计算基因位 i 的多样性：

$$H_i = -\sum_{v=1}^{V} \mathrm{pr}_{iv} \ln \mathrm{pr}_{iv} \tag{7.14}$$

式中，H_i 是基因位 i 的多样性；V 是 10 个定长区间的集合。通过计算全部基因位的多样性，整个种群的多样性可通过式 (7.15) 度量：

$$\mathrm{PCD}_{p_t} = \frac{\sum\limits_{i=1}^{N_{p_t}} H_i}{N_{p_t}} \tag{7.15}$$

式中，PCD_{p_t} 是当前种群的基于熵的多样性度量；N_{p_t} 是问题的维度，在该问题中为 20。在明确了整个种群基于熵的多样性度量后，可通过式 (7.16) 计算单个染色体对整个种群的多样性贡献：

$$\text{CD}(i) = \text{PCD}_{p_t} - \text{PCD}_{p_{t-i}} \tag{7.16}$$

式中，$\text{CD}(i)$ 是染色体 i 对整个种群的多样性贡献；$\text{PCD}_{p_{t-i}}$ 代表在整个种群 p_t 中移除染色体 i 后的基于熵的多样性度量值。

7.2.5.3　人工染色体生成器

当整个种群的多样性小于阈值 d_{low} 时，ISPEA2 算法调用人工染色体生成器（artificial chromosome generator, ACG）产生多样性较高的人工染色体并注入当前种群 p_t。ACG 的主要素材来源为人工染色体存储池 $\overline{\text{ac}}_t$。人工染色体存储池 $\overline{\text{ac}}_t$ 在每次迭代时主动收集本代的全部非支配解。当人工染色体存储池 $\overline{\text{ac}}_t$ 中的种群规模超过规模上限 $\bar{A}$ 时，则根据式 (7.16) 计算 $\overline{\text{ac}}_t$ 中染色体的多样性，并将多样性贡献较低的染色体移除出存储池 $\overline{\text{ac}}_t$，直到存储池中的染色体规模等于上限 $\bar{A}$。当需要产生人工染色体时，ACG 通过式 (7.17) 产生人工染色体：

$$P_{ij}(t) = \frac{X_{ij}^t}{\text{ps}} \tag{7.17}$$

式中，$P_{ij}(t)$ 代表在时刻 t 时，一条人工染色体的基因位 j 上的数值落入区间 i 的概率；X_{ij}^t 代表人工染色体存储池 $\overline{\text{ac}}_t$ 中人工基因位 j 上的数值落入区间 i 的频次。通过式 (7.17) 选择合适的区间后，ACG 将随机产生一个该区间内的数值并赋予该人工染色体的基因位 j。每次 ACG 会产生 ϑ 个人工染色体，并注入当前种群 p_t。同时，当前种群 p_t 中对染色体多样性贡献最小的 ϑ 个染色体会被移出种群 p_t。

7.2.6　评价指标

本节介绍本书采用的控制模型评价指标。

7.2.6.1　死亡率

死亡率是一项天然的自组织无人机集群控制系统评价准则。在本书中，死亡率用来评价一个自组织无人机集群系统中基本的碰撞避免能力，具体是指自组织无人机集群系统中的任何一台无人机碰撞本编队中的其他无人机、障碍物或者任务区域边界的可能性。该指标可由式 (7.18) 得到：

$$r^{\text{death}} = \frac{N^{\text{death}}}{N} \tag{7.18}$$

式中，r^{death} 代表死亡率；N^{death} 代表死亡的个体数。因此在本书中，r^{death} 越小代表解的表现越好。

7.2.6.2　聚集率

聚集率用于评测自组织无人机集群中的个体之间保持联系的能力，具体是指自组织无人机集群维持其中的个体位于一个有限范围之内的能力。为计算聚集率，首先采用基于欧氏距离的方法计算自组织无人机集群的虚拟中心位置，其表达式如下：

$$p_c^t = \frac{\sum\limits_{i=1}^{N} p_i^t}{N} \tag{7.19}$$

式中，p_c^t 是自组织无人机集群在仿真时刻 t 的虚拟中心位置；p_i^t 是自组织无人机集群中的个体 i 在仿真时刻 t 的位置。在得到自组织无人机集群的虚拟中心位置后，采用式 (7.20) 计算聚集率：

$$d^{\text{agg}} = \frac{\sum\limits_{t=1}^{T} \sum\limits_{i=1}^{N} ||p_c^t - p_i^t||^2}{NT} \tag{7.20}$$

式中，d^{agg} 代表聚集率；T 代表仿真总长度。因此在式 (7.20) 中，d^{agg} 给出了在整个仿真过程中自组织无人机集群中的个体距离虚拟中心的平均距离。显而易见，d^{agg} 越小代表聚集性越好。

7.2.6.3　飞行时长

飞行时长代表自组织无人机集群从起始区域起飞开始到自组织无人机集群中的全部个体到达目标位置所需要的平均时间，该指标通过式 (7.21) 计算：

$$\overline{\text{TC}} = \frac{\sum\limits_{i=1}^{N} \text{TC}_i}{N} \tag{7.21}$$

式中，$\overline{\text{TC}}$ 是平均飞行时长；TC_i 是自组织无人机集群中的个体 i 到达目标区域所需要的时长。在本书中，该指标越小越好。

7.3　仿真实验及分析

7.3.1　实验设计

为评估 ISPEA2 算法优化后的 O-Flocking 控制框架性能，本书采用如下方式进行效能评测：

首先，本书设计了三类不同的无人机避障飞行场景包括对目标定向的场景、包含简单障碍的场景以及包含复杂组合障碍的场景。其中，在对目标定向的场景中自组织无人机集群从开始区域出发，并飞向目标区域，过程中没有障碍物。包含简单障碍的场景在对目标定向场景的基础上，加入了凸障碍和非凸障碍。在包含组合障碍的场景中，本书设计了三种典型障碍物：通道型障碍物、凹凸组合障碍物。最终得到的仿真场景共 6 组：目标定向（target orientation，TO）场景、凸障碍（convex shape，CS）场景、非凸障碍（square shape，SS）场景、通道障碍（tunnel，TN）场景、多障碍（multi-square，MS）场景、凹凸组合障碍（square and convex，SC）场景。具体实验场景如图 7.8 所示。

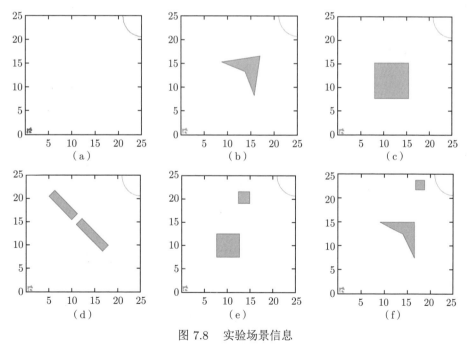

图 7.8　实验场景信息

（a）目标定向；（b）凸障碍；（c）非凸障碍；（d）通道障碍；（e）多障碍；（f）凹凸障碍

在本书涉及的试验场景中的相关假设如下：

（1）每组实验均进行 20 次，全部运行结果均被收集并汇报。

（2）场地边长被设定为 500。

（3）无人机最大速度 $v^{\max} = 5/\text{step}$。

（4）自组织无人机集群规模被设定为共包含 20 台无人机。

（5）无人机间的通讯延迟被设定为 1 step。

（6）无人机传感器存在误差，误差范围为 $(0, 0.2)$。

（7）无人机传感器的探测范围取值为 $(95, 105)$ 中的一个随机数。

（8）$R_0 = \dfrac{1}{3} R_3$，$R_1 = \dfrac{2}{3} R_3$，$R_2 = R_3$，R_3 等于无人机传感器探测范围的最大值。

（9）每个仿真场景的仿真时长上限被设定为 200 step。

本书的仿真实验共分为三部分。在第一部分中，ISPEA2 算法与 5 种不同的多目标智能优化算法在所有场景上进行了对比。这 6 种多目标智能优化算法包括：SPEA2 算法[125]、NSGA Ⅱ 算法[126]、NSGA Ⅲ 算法[127]、MOEA/D 算法[128] 和帝国竞争算法（imperialist competitive algorithm，ICA）[140]。该部分实验主要验证了 ISPEA2 算法的算法表现和收敛性表现。在第二部分中，经过参数调优的 O-Flocking 控制系统与多种不同的无人机集群控制系统进行了对比，主要验证参数调优后的控制系统性能；第三部分则包含了参数优化后的 O-Flocking 模型在多种不同的空基任务规划场景下的航迹规划表现分析。

在全部对比算法中，种群规模 $\bar{N}$ 被统一设定为 30，算法最大迭代次数被设定为 200，变异系数被设定为 30%。在 ISPEA2 算法中，$\bar{A}$ 被设定为 30，d_{low} 被设定为 0.2，ϑ 被设定为 10。

所有算法和仿真实验均运行在一台使用 Intel® Core™ i7-6700HQ CPU (4 核, 2.6GHz)，16GB 内存的计算机上。

7.3.2　算法性能试验分析

本节给出 ISPEA2 算法和 5 种对比算法的算法性能分析。为分析全部算法的计算表现，本书采用了基于算法平均性能、算法超体积分析（hyper volume analysis, HVA）和 C-Metric 对比分析三种不同的分析方式，具体结果如表 7.1 所示。

在表 7.1 中，DR 代表死亡率，AI 代表聚集率，TC 代表平均飞行时长。在表 7.1 中，所有场景中的最优表现被加粗表示。从表 7.1 中可以看出，ISPEA2 算法调优后的 O-Flocking 模型在死亡率和聚集率上具有更好表现。NSGA Ⅱ 算法则能够找到具有更低的平均飞行时长的参数组合。

本书同时针对多个对比算法的超体积表现进行了评估，有关本书中使用的超体积分析的具体方法可见 5.3.3 节。

本书设定每个场景的参考点上限为 $\{1,1,1\}$，参考点下限为在每个场景中的单个目标的最优值。因此本书中的 6 个场景的具体参考点下限如表 7.2 所示。

表 7.1　算法求解性能表现统计

仿真场景	项目	ISPEA2			SPEA2			NSGA II			NSGA III			ICA			MOEA/D		
		DR	AI	TT	DR	AI	TT	DR	AI	TT	DR	AI	TT	DR	AI	TT	DR	AI	TT
SS	最优值	0	**0.22**	0.34	0	0.23	0.34	0	0.29	0.34	0	0.25	0.34	0	0.36	0.34	0	0.29	**0.33**
	最差值	0.25	0.66	0.51	0.25	0.69	0.51	0.25	0.67	0.51	0.25	0.53	0.51	0	0.4	0.35	0.2	0.66	0.48
	平均值	0.08	0.29	0.39	0.08	0.32	0.4	0.05	0.38	0.38	0.07	0.35	0.39	0	0.41	0.35	0.06	0.36	0.39
CS	最优值	0	**0.27**	0.35	0	**0.27**	0.37	0	0.33	**0.34**	0	0.3	0.36	0	0.38	0.39	0	0.32	0.37
	最差值	0.05	0.73	0.42	0.1	0.73	0.47	0.15	0.7	0.49	0.1	0.74	0.45	0	0.55	0.4	0.25	0.75	0.54
	平均值	0.01	0.44	0.39	0.01	0.46	0.4	0.01	0.54	0.39	0.02	0.48	0.39	0	0.43	0.39	0.03	0.41	0.41
TO	最优值	0	0.33	**0.31**	0	0.34	0.32	0	0.37	**0.31**	0	**0.32**	0.31	0	0.38	**0.31**	0	0.4	**0.31**
	最差值	0	0.33	0.31	0	0.34	0.32	0	0.34	0.31	0	0.32	0.31	0	0.41	0.4	0	0.4	0.31
	平均值	0	0.35	0.31	0	0.38	0.32	0	0.37	0.31	0	0.33	0.31	0	0.43	0.35	0	0.43	0.31
TN	最优值	0	**0.26**	**0.33**	0	0.28	0.34	0	0.3	**0.33**	0	0.27	0.34	0	0.35	0.34	0	0.29	0.34
	最差值	0.15	0.67	0.45	0.05	0.75	0.38	0	0.71	0.35	0.05	0.56	0.38	0	0.51	0.35	0.2	0.67	0.48
	平均值	0.01	0.42	0.35	0.01	0.45	0.35	0.01	0.49	0.35	0.02	0.43	0.36	0	0.44	0.35	0.06	0.37	0.38
MS	最优值	0	**0.21**	0.33	0	0.23	0.33	0	0.26	0.33	0	0.33	**0.31**	0	0.37	0.33	0	0.26	0.33
	最差值	0.25	0.29	0.5	0.25	0.31	0.5	0.25	0.38	0.5	0	0.33	0.31	0	0.47	0.33	0.25	0.34	0.5
	平均值	0.1	0.27	0.4	0.08	0.29	0.39	0.06	0.35	0.37	0	0.34	0.32	0	0.41	0.33	0.09	0.34	0.39
SC	最优值	0	**0.26**	0.38	0	**0.26**	0.36	0	0.34	0.34	0	0.32	**0.31**	0	0.4	0.38	0	0.33	0.38
	最差值	0.25	0.57	1	0.2	0.68	1.01	0.25	0.69	0.55	0	0.32	0.31	0	0.52	0.4	0.15	0.67	0.48
	平均值	0.02	0.35	0.41	0.04	0.42	0.42	0.01	0.47	0.41	0	0.33	0.31	0	0.44	0.4	0.02	0.42	0.41

注：加粗字体表示实验结果最好。

表 7.2　场景参考点下限

仿真场景	DR	AI	TT
SS	0	0.216	0.334
CS	0	0.268	0.341
TO	0	0.324	0.314
TN	0	0.259	0.33
MS	0	0.214	0.314
SC	0	0.256	0.314

在本书中，每种算法在单个场景中的超体积评价值均被重复计算 10 次，最终得到涉及的 6 种智能优化算法的超体积评价值均值如表 7.3 所示。

通过超体积分析结果可知，在总共 6 个场景的测试中，ISPEA2 算法能够在其中 5 个场景（凸障碍、凹障碍、通道障碍、多凸障碍、凹凸混合障碍）上获得最好的超体积表现。ISPEA2 算法在 6 个场景的平均超体积评价值上优于其他算法超过 2.5%。同时可以看到，在不同场景下，ISPEA2 算法的超体积评价表现的变异系数仅为 0.01 ~ 0.03，这说明 ISPEA2 算法在不同场景下均具有稳定的多目标覆盖性表现。

表 7.3   超体积评价结果

仿真场景	项目	ISPEA2	SPEA2	NSGA Ⅱ	NSGA Ⅲ	ICA	MOEA/D
SS	最优值	**0.9676**	0.9516	0.8743	0.9298	0.8051	0.8928
	最差值	**0.9254**	0.8632	0.7872	0.6556	0.7296	0.8012
	平均值	**0.9509**	0.9198	0.8526	0.8704	0.7541	0.8442
	变异系数	0.0128	0.0201	0.0249	0.0658	0.0258	0.0248
CS	最优值	**0.9244**	0.9042	0.8459	0.8765	0.7754	0.8496
	最差值	**0.8486**	0.8098	0.7006	0.4479	0.7092	0.7616
	平均值	**0.8937**	0.856	0.7891	0.7673	0.7372	0.8013
	变异系数	0.0216	0.0288	0.0497	0.1439	0.0226	0.0301
TO	最优值	0.9892	0.9648	0.9832	**1**	0.8807	0.8879
	最差值	**0.9072**	0.8428	0.8657	0.8817	0.8253	0.7816
	平均值	0.9647	0.9047	0.9284	**0.9898**	0.856	0.8515
	变异系数	0.0237	0.0367	0.0442	0.0261	0.017	0.038
TN	最优值	**0.9842**	0.9574	0.9384	0.9696	0.8554	0.9304
	最差值	**0.9361**	0.9055	0.8216	0.585	0.7979	0.8274
	平均值	**0.9689**	0.9303	0.8899	0.8534	0.8214	0.8868
	变异系数	0.0125	0.0169	0.0333	0.0988	0.0196	0.0332
MS	最优值	**0.9683**	0.941	0.9032	0.9551	0.7862	0.9032
	最差值	**0.9031**	0.8886	0.7823	0.8336	0.723	0.7163
	平均值	**0.9437**	0.913	0.8386	0.8865	0.7521	0.8314
	变异系数	0.0162	0.0159	0.0389	0.0419	0.0246	0.063
` SC	最优值	**0.8713**	0.8523	0.7907	0.7975	0.7	0.7678
	最差值	**0.7886**	0.7318	0.6123	0.4647	0.6506	0.5753
	平均值	**0.8302**	0.7794	0.7191	0.7478	0.6802	0.6906
	变异系数	0.0296	0.0354	0.0673	0.095	0.0225	0.0671

注：加粗字体表示性能最佳。

除超体积分析以外，在本书中还采用了基于 C-Metric 的多目标覆盖能力分析。在 C-Metric 分析中，不同多目标优化算法获得的帕累托解集之间会进行互相比较。C-Metric 方法用于分析不同帕累托解集之间的优劣势。有关 C-Metric 方法的详细解释可见图 7.9。

在图 7.9 中，非支配解集 2 支配了非支配解集 1 中的 3 个解，非支配解集 1 支配了非支配解集 2 中的 1 个解，因此非支配解集 2 对非支配解集 1 的 C-Metric 值为 0.75，非支配解集 1 对非支配解集 2 的 C-Metric 值为 0.25。在该问题中，非支配解集 2 的表现要好于非支配解集 1。

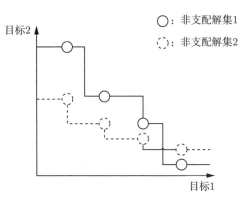

图 7.9　C-Metric 评价方法案例

本书中的 6 种算法的 C-Metric 评估结果可见表 7.4。

表 7.4　C-Metric 分析结果

仿真场景	ISPEA2	SPEA2	NSGA Ⅱ	NSGA Ⅲ	ICA	MOEA/D
SS	—	0.97	1	1	1	0.89
	0.04	—	0.31	0.57	0	0.26
	0	0.37	—	0	1	0.26
	0	0.37	1	—	1	0.74
	0	0.17	0	0	—	0
	0.12	0.37	0.62	0	1	—
CS	—	0.9	0.86	0.78	1	1
	0	—	0.81	0.13	1	0.55
	0.17	0.33	—	0.22	1	0.25
	0.07	0.57	0.86	—	1	0.9
	0	0	0	0	—	0
	0	0.19	0.81	0.03	1	—
TO	—	1	1	0	1	1
	0	—	0	0	0	0
	0	1	—	0	1	1
	1	1	1	—	1	1
	0	0	0	0	—	0
	0	0	0	0	1	—

续表

仿真场景	ISPEA2	SPEA2	NSGA Ⅱ	NSGA Ⅲ	ICA	MOEA/D
TN	—	1	1	0.84	1	1
	0	—	0	0	0.17	0.26
	0	0.86	—	0	0.83	0.47
	0.17	0.79	0.67	—	1	1
	0	0.21	0	0	—	0
	0	0.64	0.27	0	1	—
MS	—	1	1	1	1	1
	0	—	0.56	0.13	0.33	0.6
	0	0.06	—	0	1	0.67
	0	0.82	1	—	1	1
	0	0	0	0	—	0
	0	0	0.56	0	1	—
SC	—	0.47	0.81	0.68	1	1
	0.07	—	0.75	0.32	0.86	0.86
	0	0	—	0	0.57	0.29
	0	0.58	0.88	—	0.86	1
	0	0	0.06	0.09	—	0.29
	0	0	0.25	0	0.29	—

从表 7.4 可以得出，在除目标定向外的 5 个测试场景中，ISPEA2 算法得到的非支配解的质量均好于其他对比算法得到的解的质量。其中，在凹障碍场景中，ISPEA2 算法得到的非支配解集能够支配 NSGA Ⅲ 算法得到的非支配解集的 78%，支配 NSGA Ⅱ 算法得到的非支配解集的 86%，分别支配 SPEA2 算法、ICA 算法和 MOEA/D 算法得到的非支配解集的 90%，100%，100%。在除目标定向的其他类型的场景中，ISPEA2 算法得到的非支配解集最大被支配度为 17%，而 ISPEA2 算法最少支配度为 47%。结合表 7.3 的结果，可得出结论：ISPEA2 算法在全部测试场景中获得了最优的多目标优化性能。

7.3.3　控制模型性能试验分析

本节将经过参数调优的 O-Flocking 模型与经典的三种不同的无人机集群控制模型（包括基于虚拟物理规则的 Reynolds 模型[141] 和两种基于人工势力场的控制模型 [142-143]）进行了对比。首先，为了确定最终装订至 O-Flocking 模型的

控制参数，本书设计了基于加权聚合的控制参数评价方案，其表达式如下

$$F(s) = w_1 \frac{r_s^{\text{death}} - r_{\min}^{\text{death}}}{r_{\max}^{\text{death}} - r_{\min}^{\text{death}}} + w_2 \frac{d_s^{\text{agg}} - d_{\min}^{\text{agg}}}{d_{\max}^{\text{agg}} - d_{\min}^{\text{agg}}} + w_3 \frac{\overline{\text{TC}_s} - \overline{\text{TC}_{\min}}}{\overline{\text{TC}_{\max}} - \overline{\text{TC}_{\min}}} \quad (7.22)$$

式中，w_1, w_2, w_3 的值均等于 $\frac{1}{3}$，这表示三个不同的目标值同样重要。最终 4 种不同的控制模型在全部 6 个场景中的具体表现如表 7.5 所示。

表 7.5　不同控制模型的最终表现

仿真场景	经过参数调优的 O-Flocking 模型			Reynolds 模型			APF by Kala[142]			APF by Yang et al.[143]		
	DR	AI	TT	DR	AI	TT	DR	AI	TT	DR	AI	TT
SS	**0**	**0.251**	**0.345**	0.2	0.79	0.479	0.1	4.748	0.415	**0**	0.55	0.727
CS	**0**	**0.294**	**0.392**	0.05	0.969	0.425	0	3.187	1.343	**0**	5.709	0.752
TO	**0**	**0.332**	**0.314**	**0**	0.733	**0.314**	0	1.637	0.337	**0**	0.444	0.546
TN	**0**	**0.27**	**0.345**	0.1	0.765	0.411	0	4.077	1.359	**0**	0.294	0.933
MS	**0**	**0.252**	**0.334**	0.2	0.824	0.476	0.2	0.888	0.523	**0**	0.325	0.761
SC	**0**	**0.29**	**0.391**	0.15	1.041	0.496	0	3.355	1.397	**0**	6.431	0.781

注：加粗字体表示性能最佳。

从以上结果可以看出，在全部 6 个测试环境中，经过参数调优的 O-Flocking 控制模型均获得了最好的结果。需要指出的是，经过参数调优的 O-Flocking 模型在全部三个测试指标上均优于同样基于虚拟物理规则设计的 Reynolds 模型。而相比于基于人工势力场的控制模型，O-Flocking 控制模型则在自组织无人机集群聚集性和平均飞行时间上具有显著的优势。附录 A.4.1节展示了各控制模型的具体航迹规划仿真结果。

7.3.4　路径规划结果

经过上述控制模型参数调整后，本节展示参数优化后得控制模型在空基任务规划问题中的具体表现。本节将无人机集群执行多任务的场景分为两类基本场景加以讨论：串行任务场景和并行任务场景。在串行任务场景中，全部观测任务执行时间节点为串行排序，且不同任务的执行时间节点之间不存在重叠。在此类任务中，无人机集群按照任务的执行时间节点排序对每个任务进行分别观测。在并行任务场景中，分配给无人机集群的观测任务执行时间节点存在交叉，因此需要将无人机集群分为多个子集群分别执行对不同任务的观测。在该场景中，无人机

集群中的个体无人机首先通过式 (7.23) 对待观测目标进行评估：

$$
\mathrm{tar}(i) = \begin{cases} 0, & \mathrm{asg}^{\mathrm{tar}} > \max\ D \\ \dfrac{1}{(\mathrm{tw}_e^i - t_c) \times d_i}, & \text{其他} \end{cases} \tag{7.23}
$$

式中，$\mathrm{tar}(i)$ 为对目标 i 的评分；tw_e^i 为任务目标 i 的最迟观测结束时间；d_i 为该无人机距离任务目标 i 的距离；t_c 为当前时刻；$\mathrm{asg}^{\mathrm{tar}}$ 为该无人机能够观测到的前往任务目标 i 方向的无人机个体的数量；$\max\ D$ 为事先约定的能够派往任务目标 i 的无人机数量上限，本书中取该值为 $\mathrm{num}_{\mathrm{uav}}/\mathrm{tar}_{\mathrm{total}}$，其中，$\mathrm{num}_{\mathrm{uav}}$ 为当前无人机能够观测到的其他无人机的数量，$\mathrm{tar}_{\mathrm{total}}$ 为有重叠执行时间节点的目标总数。通过式 (7.23) 对当前可观测的目标进行评估后，无人机会选择目标评分最大的目标作为当前目标。式 (7.23) 的设计思路为无人机会前往距离最近或者距观测结束时间最近的目标点执行观测任务。附录 A.4.2 节展示了两种不同的控制模型在多任务场景下的路径规划详细结果。

从测试结果可得，本章所述算法在多任务场景（尤其是存在需要分裂为多个不同集群完成复杂任务的场景下）具有显著优势。其优势主要体现在：① 能够在避障的同时更好地维持无人机集群的编队队形；② 在处理并行任务时，能够更快速地完成无人机编队的分裂并重新组成多个小型集群同时完成并行任务。

7.4 本章小结

本章主要研究了空基资源任务规划问题的建模及求解。空基资源任务规划问题的核心为针对自组织无人机集群，设计对应的无人机个体控制模型，以使自组织无人机集群中的个体能仅通过和环境的交互完成空基任务的航迹规划。

以此为基础，本书设计了基于演化计算的空基资源任务智能规划技术。该策略首先建立了一种基于规则库的可扩展的无人机集群控制模型。该模型主要考虑的环境因素包括无人机当前可探测的障碍物情况、无人机探测范围内能够探测到的其他无人机情况、任务目标位置信息以及任务观测时间窗信息。该模型能够针对自组织无人机集群在完成空基任务的过程中可能遇见的避障问题和对目标定向问题进行自主行动规划。然后，在考虑不同任务环境的复杂性基础上，设计相应的基于演化计算的无人机控制模型参数调优方法，对该模型中的可变参数进行基于场景的优化。

本章的主要创新点包括：

（1）针对自组织无人机集群在任务区域内的航迹规划问题，设计了基于规则系统的可变参数无人机集群控制模型。

（2）针对无人机集群控制模型的参数选择和优化问题，设计了基于改进SPEA2 算法的参数优化策略。

第8章

总结与展望

8.1　研究工作总结

本书主要研究了面向空天资源的协同任务规划问题。该问题以遥感卫星和无人机集群协同任务规划为研究背景，主要研究了空天资源协同联动，共同满足用户空天信息需求的问题。

为求解面向空天资源的协同任务规划问题，本书首先对该问题进行了阶段划分，形成了"空天资源-任务匹配阶段"—"空天任务分配阶段"—"天基任务规划阶段"—"空基任务规划阶段"的四阶段求解方案。

针对以上四个阶段，本书分别设计了四项关键技术，对每个阶段中的不同问题进行了求解，包括：

（1）基于深度学习的资源-任务智能化匹配技术。为求解空天资源-任务匹配阶段中的具体问题，设计了基于深度学习的资源-任务智能化匹配技术。该技术首先将空天资源-任务匹配问题抽象为一类作业车间调度问题。在该问题模型的基础上，首先采用图神经网络方法对问题进行了特征提取，然后设计了双重深度 Q 网络方法对问题进行了求解。最后，设计仿真实验对该方法的求解效能进行了验证。仿真实验结果表明，该方法能够以接近基于规则的启发式算法的计算代价对大量空天资源-任务匹配问题进行快速求解，其求解效果对比同类算法具有显著优势。

（2）面向空天资源的任务智能化分配技术。为求解空天任务分配阶段中的空天协同任务分配问题，设计了面向空天资源的任务智能化分配技术。该技术将空天资源任务分配问题建模为一种包含特殊约束和目标函数的带时间窗周期车辆路径问题。在该问题模型的基础上，设计基于多蚁群算法和多目标模拟退火算法的智能优化方法对该问题进行了求解。最后，设计仿真实验对该方法的求解效能进行了验证。仿真实验结果表明，该方法虽然具有比其他算法更高的求解代价，但同样具有比其他算法更好的多目标求解表现。

（3）基于蚁群优化的天基资源任务智能规划技术。为求解天基资源任务规划问题，设计了基于蚁群优化的天基资源任务智能规划技术。该技术首先将天基任务规划问题建模为一种考虑服务时间可定制的带时间窗车辆路径问题。在该问题模型的基础上，设计基于多蚁群系统和邻域搜索算法相结合的多目标智能优化方法对该问题进行了求解。最后，设计仿真实验对该方法的求解效能进行了验证。仿真实验结果表明，该方法相比于其他类型的算法具有较低的计算代价，同时其求解效果也具有较好的竞争力。

（4）基于演化计算的空基资源任务智能规划技术。为求解空基资源任务规划问题，设计了基于演化计算的空基资源任务智能规划技术。该技术首先针对空基资源（主要是自组织无人机集群）的航迹规划问题，提出了一种具有良好可扩展性的空基资源自主控制模型。同时，考虑到自组织无人机集群面临的复杂任务环境，设计了基于演化计算和仿真优化的无人机集群控制模型参数调优方法，针对不同环境的主要特征对该模型进行了优化。最后，设计仿真实验对该方法的求解效能进行了验证。仿真实验结果表明，该方法能够在不同的复杂环境下有效的控制无人机集群完成多种不同类型的复杂任务，其控制模型效能相比常用的控制模型均具有显著提升。

另外，本书具有以下实践指导意义：

（1）提出了一种空天资源任务规划问题的通用求解方案。本书重点分析了空天资源任务规划问题中存在的主要问题，并结合两类典型空天资源给出了包括任务选择、协同分配、任务规划在内的空天资源一体化规划方案。该方案对空天资源任务规划问题中的要点进行了高度抽象和概括，从而能够广泛适应其他不同类型的空天资源一体化任务规划问题。该方案对未来空天资源任务规划系统建设具有一定的指导意义。

（2）针对空天资源任务规划问题的主要特点，设计并测试了多种不同类型的任务规划算法，并明确了不同算法之间的优劣性。本书针对空天资源任务规划问题中存在的多个不同的优化问题，分别设计优化算法对问题进行了求解，并广泛测试了多类不同的多目标优化方法在这类问题上的求解效果，评估了不同类型算法在求解该类问题时的优劣势。因此，本书对未来的空天资源任务规划系统中的优化方法设计具有一定的借鉴意义。

8.2 未来工作展望

本书未来的研究工作可从如下几个方向展开:

(1) 将任务环境的动态性因素纳入问题的考量范围。本书的主要研究对象是静态的面向空天资源的协同任务规划问题。具体而言,即全部的任务需求、行动资源以及任务环境均为确定条件下的面向空天资源的协同任务规划问题。而在面向空天资源的协同任务规划问题的现实应用中,一个很重要的特性既是任务和环境的不稳定性。举例来说,任务区域的气象、电磁等情况的变化,或空天资源本身的异常,均可能导致任务执行的失败。因此,空天信息获取任务通常具有较高的不确定性。另外,在空天任务的执行过程中,空天信息需求可能发生动态性变化。因此,将动态性因素纳入面向空天资源的协同任务规划问题的研究是很有必要的。

(2) 将连续状态下的空天资源任务规划问题纳入考量范围。本书的主要研究对象是有限状态下的面向空天资源的协同任务规划问题。具体而言,本书主要研究了规划时长有限、任务和资源是确定情况下的空天资源协同任务规划问题。而在实践应用中,一种常见的情况是同一类型的空天资源协同任务需求需要在一段较长的时间内连续被执行,或某些任务需求本身是一个长期过程(如森林覆盖面积变化监测、海洋水文情况监测等)。针对这类问题,采用有限状态下的任务规划方法不能很好地解决,主要原因包括:优化目标不匹配(有限状态下的任务规划问题主要关注的是在有限任务时间内的最优化,而长期任务规划的主要关注对象是长期平均的优化);问题规模的扩大导致求解效能的下降以及求解时间的过度延长(基于智能优化的求解方式在大规模问题上需要更多的迭代次数,以及基于深度学习的求解方式在大规模问题上需要更长时间的训练等);无法有效地划分问题阶段(在连续规划场景中,通常任务需求呈动态化出现,因此无法采用静态的问题阶段划分策略)。考虑以上问题,需要针对该问题的连续任务规划场景,设计对应的任务规划方法予以求解。

(3) 研究更加合理的问题阶段划分方法。本书将面向空天资源的协同任务规划问题划分为三个部分,不同阶段之间为"直线式"连接。具体而言,本书将面向空天资源的协同任务规划问题求解分为"资源匹配—任务分配—系统内任务规划"三部分,不同部分之间单向连接。采用这种问题划分方式的优势是不同求解阶段之间相互独立,极大降低了问题的求解难度。而另一方面,由于不同问题求解阶段之间单向连接,因此前一阶段确定的规划结果,会事实上成为后一阶段规划的约束条件,从而削减了后一阶段规划的解空间。因此,如何设计更加合理的问题求解方式，同样是本书后续需要考虑的问题。

（4）突破多维度多属性资源约束限制。在本书中，面向空天资源的协同任务规划问题中的资源是高度抽象的资源，资源的能力被简单地抽象为一维的"客户服务能力"。而在现实中的面向空天资源的协同任务规划问题中，通常一个任务执行资源的任务执行能力具有多重限制（如成像卫星的任务执行能力就同时受到星上固存容量、电池剩余容量、卫星测摆次数限制等）。因此，需要针对性地考虑具有多维度多属性资源约束的任务规划方法，进一步拉近理论方法与实践应用间的距离。

（5）突破阶段限制，实现空天资源的全流程任务规划。本书将空天资源任务规划问题划分为资源筛选、任务分配、任务规划三个阶段，并分别针对不同的阶段设计相应的方法进行求解。本书未来的重要研究方向之一为在本书基础上，结合空天资源任务规划问题中的协同联动需求，实现空天资源任务规划问题的全流程优化。

（6）与应用场景深度结合，实现面向应用场景的任务规划。本书实现了一类通用的空天资源任务规划方案，本书的未来实践中，应重点结合具体的空天资源任务规划场景，针对任务规划场景中的具体问题特征，进行空天资源任务规划方案的改进，以提高该方案在不同场景下的可行性和算法表现。

参 考 文 献

[1] 中国科学院遥感与数字地球研究所. 中科院遥感飞机获雅安地震灾区高清航空遥感图像及初步分析结果 [R/OL]. 2013. http://www.cas.cn/xw/zyxw/yw/201304/t20130420_3823923.shtml.

[2] CHIEN S A, CICHY B, DAVIES A, et al. An Autonomous Earth-Observing Sensorweb [J]. Intelligent Systems IEEE, 2005, 20 (3): 16–24.

[3] BOTTS M, MCKEE L. A Sensor Model Language: Moving Sensor Data onto the Internet [J]. Sensers, 2007, 12(5): 12–14.

[4] ECHTERHOFF J. SWE Service Model Implementation Standard 2.0 [R]. 2011.

[5] TSATSOULIS C, AMTHAUER H. Sensor Web coalition formation via argumentation-based negotiation [C]. 2009 IEEE Aerospace Conference. 2009: 1–8.

[6] MEKNI M, GRANIERO P. A Multiagent Geosimulation Approach for Intelligent Sensor Web Management [J]. International Journal of Distributed Sensor Networks, 2010, 10(3): 252–260.

[7] CHIEN S, TRAN D, RABIDEAU G, et al. Increasing the Science Return of the EO-1 Mission: A Case Study of the R5 Automated Planning Upgrade [C]. International Symposium on Artificial Intelligence, Robotics and Automation in Space (i-SAIRAS) 2010, Sapporo, Japan. 2010.

[8] MIDDLETON E M, UNGAR S G, MANDL D J, et al. The Earth Observing One (EO-1) Satellite Mission: Over a Decade in Space [J]. IEEE Journal of Selected Topics in Applied Earth Observations & Remote Sensing, 2013, 6 (2 Part1): 243–256.

[9] MIDDLETON E M, CAMPBELL P K E, ONG L, et al. Hyperion: The first global orbital spectrometer, earth observing-1 (EO-1) satellite (2000—2017) [C]. Geoscience & Remote Sensing Symposium. 2017.

[10] MORRIS R A, DUNGAN J L, BRESINA J L. An Information Infrastructure for Coordinating Earth Science Observations [C]. IEEE International Conference on Space Mission Challenges for Information Technology. 2006.

[11] HEROLD T, ABRAMSON M, BALAKRISHNAN H, et al. Asynchronous, Distributed Optimization for the Coordinated Planning of Air and Space Assets [M/OL]. AIAA Infotech@Aerospace 2010. https://arc.aiaa.org/doi/abs/10.2514/6.2010-3426.

[12] 余婧. 空天对地观测资源协同任务规划关键技术研究 [D]. 长沙: 国防科技大学, 2011.

[13] 李军. 空天资源对地观测协同任务规划方法 [D]. 长沙: 国防科学技术大学, 2013.

[14] 伍国华, 刘进, 马满好, 等. 异构对地观测平台协同任务规划方法 [C]. 高分辨率对地观测学术年会分会. 2014.

[15] 王慧林, 伍国华, 马满好. 多类异构对地观测平台协同任务规划方法 [J]. 航空学报, 2016, 37 (3): 997–1014.

[16] 裴新宇, 刘宝举, 邓敏, 等. 基于合同网的对地观测资源动态协同规划方法 [J]. 北京航空航天大学学报, 2020, 46 (10): 40–49.

[17] ROBINSON E J. Coordinated planning of air and space assets: an optimization and learning based approach [D]. Cambridge: Massachusetts Institute of Technology, 2013.

[18] ROBINSON E, BALAKRISHNAN H, ABRAMSON M, et al. Optimized Stochastic Coordinated Planning of Asynchronous Air and Space Assets [J]. Journal of Aerospace Computing, Information, and Communication, 2017, 14 (1): 10–25.

[19] 梁星星. 面向海上移动目标跟踪观测的空天协同任务规划研究 [D]. 长沙: 国防科技大学, 2016.

[20] 杜永浩, 向尚, 邢立宁, 等. 天临空协同对地观测任务规划模型与并行竞争模因算法 [J]. 控制与决策, 2021, 36 (3): 523–533.

[21] STEEL R, NIÉZETTE M, CESTA A, et al. AI Techniques for Space: The APSI Approach [C] // Ouwehand L. DASIA 2009 - DAta Systems in Aerospace. May 2009: 29.

[22] FRATINI S, CESTA A. The APSI Framework: A Platform for Timeline Synthesis [C]. Proceedings of the 1st Workshop on Planning and Scheduling with Timelines at ICAPS-12. 2012.

[23] 廉振宇, 谭跃进, 贺仁杰, 等. 高分对地观测系统通用任务规划框架设计 [J]. 计算机集成制造系统, 2013, 19 (5): 981–989.

[24] 廉振宇. 基于约束网络的航天器通用任务规划框架 [C]. 中国系统工程学会第十八届学术年会. 2014.

[25] SHERWOOD R, GOVINDJEE A, YAN D, et al. Using ASPEN to automate EO-1 activity planning [C]. IEEE Aerospace Conference. 1998.

[26] RABIDEAU G, KNIGHT R, CHIEN S, et al. Iterative Repair Planning for Spacecraft Operations Using the Aspen System [J]. CiteSeer, 2002.

[27] KNIGHT S, RABIDEAU G, CHIEN S, et al. Casper: space exploration through continuous planning [J]. Intelligent Systems IEEE, 2001, 16 (5): 70–75.

[28] CORDEAU J F, LAPORTE G. Maximizing the value of an Earth observation satellite orbit [J]. Journal of the Operational Research Society, 2005, 56 (8): 962–968.

[29] BIANCHESSI N, CORDEAU J F, DESROSIERS J, et al. A heuristic for the multi-satellite, multi-orbit and multi-user management of Earth observation satellites [J]. European Journal of Operational Research, 2007, 177 (2): 750–762.

[30] BIANCHESSI N, RIGHINI G. Planning and scheduling algorithms for the COSMO-SkyMed constellation [J]. Aerospace Science and Technology, 2008, 12(7): 535–544.

[31] COVELLO F, SCOPA T, SERVA S, et al. COSMO-SkyMed second generation planner [J]. Proceedings of Spie the International Society for Optical Engineering, 2014: 9241.

[32] SCOPA T, VALENTINI G, SERVA S, et al. Dynamic and adaptive algorithms of COSMO-SkyMed seconda generazione planner [C]. Geoscience & Remote Sensing Symposium, 2015.

[33] 陈英武, 方炎申, 李菊芳, 等. 卫星任务调度问题的约束规划模型 [J]. 国防科技大学学报. 2006, 28 (5): 126–132.

[34] 李菊芳, 谭跃进. 卫星观测联合调度问题的 VRP 与 JSP 模型 [J]. 系统工程. 2006, 24 (6): 111–115.

[35] 顾中舜, 陈英武. 对地观测卫星调度的混合整数规划模型及求解 [J]. 飞行器测控学报. 2007, 26 (1): 19–24.

[36] 贺仁杰, 顾中舜. 成像观测卫星多星联合调度模型及其列生成求解算法研究 [J]. 飞行器测控学报, 2008, 27 (4): 5–9.

[37] 慈元卓, 李菊芳, 贺仁杰, 等. 不确定环境下多星联合观测调度问题研究 [J]. 系统工程与电子技术, 2008, 30 (5): 876–879.

[38] 白保存, 贺仁杰, 李菊芳, 等. 考虑任务合成的成像卫星调度问题 [J]. 航空学报, 2009 (11): 169–175.

[39] 贺仁杰, 高鹏, 白保存, 等. 成像卫星任务规划模型、算法及其应用 [J]. 系统工程理论与实践, 2011 (3): 411–422.

[40] 陈英武, 姚锋, 李菊芳, 等. 求解多星任务规划问题的演化学习型蚁群算法 [J]. 系统工程理论与实践, 2013.

[41] XING L N, CHEN Y W, WANG P, et al. A Knowledge-Based Ant Colony Optimization for Flexible Job Shop Scheduling Problems [J]. Applied Soft Computing, 2010, 10 (3): 888–896.

[42] 蔡德荣. 基于蚁群算法的多星联合成像任务规划问题研究 [D]. 成都: 电子科技大学, 2012.

[43] HE L, LIU X, XING L, et al. Cloud Avoidance Scheduling Algorithm for Agile Optical Satellites [C/OL] // Gong M, Pan L, Song T, et al. Bio-Inspired Computing - Theories and Applications - 10th International Conference, BIC-TA 2015, Hefei, China, September 25-28, 2015, Proceedings. 2015: 161–172. https://doi.org/10.1007/978-3-662-49014-3_15.

[44] VALICKA C G, GARCIA D, STAID A, et al. Mixed-integer programming models for optimal constellation scheduling given cloud cover uncertainty [J]. European Journal of Operational Research, 2019, 275(2): 431–445.

[45] BONNET J, GLEIZES M P, KADDOUM E, et al. Multi-satellite mission planning using a self-adaptive multi-agent system [C]. 2015 IEEE 9th International Conference on Self-Adaptive and Self-Organizing Systems. 2015.

[46] 周装轻, 李菊芳, 谭跃进, 等. 多星多载荷任务规划系统的设计与实现 [J]. 微计算机信息, 2010, 26 (16): 193–195.

[47] RENJIE H, BAOCUN B, YINGWU C, et al. Multi-Satellite Mission Planning for Environmental and Disaster Monitoring Satellite System [C]. SpaceOps 2008 Conference. 2008.

[48] 李济廷. 多星自主协同任务规划问题研究——以高低轨多星协同为例 [D]. 长沙: 国防科技大学, 2017.

[49] 杨唯一, 刘晓路. 基于动态合同网的多星自主协同与任务规划 [C]. 第六届高分辨率对地观测学术年会. 2019.

[50] ZHENG Z, GUO J, GILL E. Distributed onboard mission planning for multi-satellite systems [J]. Aerospace Science and Technology, 2019, 89: 111–122.

[51] DU Y, WANG T, XIN B, et al. A Data-Driven Parallel Scheduling Approach for Multiple Agile Earth Observation Satellites [J/OL]. IEEE Trans. Evol. Comput, 2020, 24 (4): 679–693. https://doi.org/10.1109/TEVC.2019.2934148.

[52] 黄长强, 翁兴伟, 王勇, 等. 多无人机协同作战技术 [M]. 北京: 国防工业出版社, 2012.

[53] 任鹏飞, 王洪波, 周国峰. 基于自适应伪谱法的高超声速飞行器再入轨迹优化 [J]. 北京航空航天大学学报, 2019, 45 (11): 138–146.

[54] DAVID, HSU, RAJEEV, et al. Path Planning in Expansive Configuration Spaces [J]. International Journal of Computational Geometry & Applications, 1999.

[55] LI J, DENG G, LUO C, et al. A Hybrid Path Planning Method in Unmanned Air/Ground Vehicle (UAV/UGV) Cooperative Systems [J]. IEEE Transactions on Vehicular Technology, 2016, 65(12): 9585–9586.

[56] 庞强伟, 胡永江, 李文广. 多无人机多目标协同侦察航迹规划算法 [J]. 中国惯性技术学报, 2019 (3): 340–348.

[57] 胡超芳, 杨娜, 王娜. 多无人机模糊多目标分布式地面目标协同追踪 [J]. 控制理论与应用, 2018, 35 (8): 54–63.

[58] SHAH M A, AOUF N. 3D Cooperative Pythagorean Hodograph path planning and obstacle avoidance for multiple UAVs [C]. 2010 IEEE 9th International Conference on Cyberntic Intelligent Systems, 2010: 1–6.

[59] 贾高伟. 无人机集群任务规划方法研究综述 [J]. 系统工程与电子技术, 2021, 43 (1): 105–117.

[60] BRAMBILLA M, FERRANTE E, BIRATTARI M, et al. Swarm robotics: a review from the swarm engineering perspective [J]. Swarm Intelligence, 2013, 7 (1): 1–41.

[61] KHATIB, O. Real-time obstacle avoidance for manipulators and mobile robots [J]. International Journal of Robotics Research, 1986, 5 (1): 90–98.

[62] GAZI V, PASSINO K M. Stability analysis of social foraging swarms: combined effects of attractant/repellent profiles [C]. Proceedings of the 41st IEEE Conference on Decision and Control, 2002. 2003: 2848-2853.

[63] SPEARS W M, SPEARS D F, HAMANN J C, et al. Distributed, Physics-Based Control of Swarms of Vehicles [J]. Autonomous Robots, 2004, 17 (2): 137-162.

[64] FIORINI P, SHILLER Z. Motion Planning in Dynamic Environments Using Velocity Obstacles [J]. International Journal of Robotics Research, 1998, 17 (7): 760-772.

[65] BERG J P V D, LIN M C, MANOCHA D. Reciprocal Velocity Obstacles for Real-Time Multi-agent Navigation [C]. 2008 IEEE International Conference on Robotics and Automation, ICRA 2008, May 19-23, 2008, Pasadena, California, USA. 2008.

[66] SANTOS V G, CAMPOS M F M, CHAIMOWICZ L. On Segregative Behaviors Using Flocking and Velocity Obstacles [J]. Springer Tracts in Advanced Robotics, 2014, 104: 121-133.

[67] LA H M, LIM R S, SHENG W, et al. Cooperative flocking and learning in multi-robot systems for predator avoidance [C]. 2013 IEEE International Conference on Cyber Technology in Automation, Control and Intelligent Systems. 2013: 337-342.

[68] WOODS A C, LA H M. Dynamic Target Tracking and Obstacle Avoidance using a Drone [M]. Berlin: Springer International Publishing, 2015.

[69] HA S Y, HA T, KIM J H. Emergent Behavior of a Cucker-Smale Type Particle Model With Nonlinear Velocity Couplings [J]. IEEE Transactions on Automatic Control, 2010, 55 (7): 1679-1683.

[70] MEIER L, TANSKANEN P, FRAUNDORFER F, et al. PIXHAWK: A System for Autonomous Flight using Onboard Computer Vision [C]. 2011 IEEE International Conference on Robotics and Automation(2011 年 IEEE 世界机器人与自动化大会 ICRA 2011) 论文集. 上海, 2011: 2992-2997.

[71] HARDER S A L L K. Formation specification for control of active agents using artificial potential fields [J]. Journal of Intelligent & Robotic Systems, 2019, 95 (2): 279-290.

[72] HETTIARACHCHI S D. Distributed evolution for swarm robotics [D]. Laramie: University of Wyoming, 1989.

[73] PUGH J, MARTINOLI A. Parallel learning in heterogeneous multi-robot swarms [C]. 2007 IEEE Congress on Evolutionary Computation. 2007: 3839-3846.

[74] FOLINO G, FORESTIERO A, SPEZZANO G. An adaptive flocking algorithm for performing approximate clustering [J]. Information Sciences, 2009, 179 (18): 3059-3078.

[75] YANG H X, ZHOU T, HUANG L. Promoting collective motion of self-propelled agents by distance-based influence [J]. Physical Review E, 2014, 89 (3-1): 032813.

[76] ZHAO M, SU H, WANG M, et al. A weighted adaptive-velocity self-organizing model and its high-speed performance [J]. Neurocomputing, 2016, 216 (DEC.5): 402–408.

[77] VÁSÁRHELYI G, VIRÁGH C, Somorjai G, et al. Optimized flocking of autonomous drones in confined environments [J/OL]. Science Robotics, 2018, 3 (20). `https://robotics.sciencemag.org/content/3/20/eaat3536`.

[78] FISTER I, YANG X S, FISTER I, et al. A Brief Review of Nature-Inspired Algorithms for Optimization [J]. Elektrotehniski Vestnik/electrotechnical Review, 2013, 80 (3): 116–122.

[79] DORIGO M. Learning and Natural Algorithms [D]. Milano: Politecnico di Milano, 1992.

[80] DORIGO M, STÜTZLE T. The Ant Colony Optimization Metaheuristic: Algorithms, Applications, and Advances [M]. Dorchatte: Kluwer Academic Publishers, 2003.

[81] HU X M, ZHANG J, Li Y. Orthogonal Methods Based Ant Colony Search For Solving Continuous Optimization Problems [J]. Journal of Experimental Algorithmics, 2008, 23 (1): 2–18.

[82] KARABOGA D. An idea based on honey bee swarm for numerical optimization [R]. 2005.

[83] ZHANG Y, WU L, WANG S. UCAV path planning based on FSCABC [J]. International Journal on Information, 2011, 14 (3): 687–692.

[84] TANG R, FONG S, YANG X-S, et al. Wolf search algorithm with ephemeral memory [C]. Seventh International Conference on Digital Information Management (ICDIM 2012). 2012: 165–172.

[85] LIU C Y, YAN X H, WU H. The Wolf Colony Algorithm and Its Application [J]. Chinese Journal of Electronics, 2011, 20 (2): 212–216.

[86] EBERHART R, KENNEDY J. A new optimizer using particle swarm theory [C]. Mhs95 Sixth International Symposium on Micro Machine & Human Science. 2002.

[87] KENNEDY J, MENDES R. Population structure and particle swarm performance [C]. Proceedings of the 2002 Congress on Evolutionary Computation. 2002.

[88] KOH B, GEORGE A D, HAFTKA R T, et al. Parallel asynchronous particle swarm optimization [J]. International Journal for Numerical Methods in Engineering, 2006, 67.

[89] MEHDIZADEH E, SADI-NEZHAD S, TAVAKKOLI-MOGHADDAM R. Optimization of fuzzy clustering criteria by a hybrid PSO and fuzzy c-means clustering algorithm [J]. Iranian journal of fuzzy systems, 2008, 5 (3): 1–14.

[90] HOLLAND J H. Genetic Algorithms and Adaptation [M]. Bostan: Springer US, 1984.

[91] KANG T J, KIM S M. Different approaches of applying single-objective binary genetic algorithm on the wind farm design [C]. 2014 World Congress on Engineering Asset Management. 2014.

[92] LAU T. Guided genetic algorithm [D]. Colchester: University of Essex, 1999.

[93] PATEL, RAGHUWANSHI, MALIK. Decomposition Based Multi-objective Genetic Algorithm (DMOGA) with Opposition Based Learning [C]. Fourth International Conference on Computational Intelligence & Communication Networks. 2012.

[94] EUSUFF M, LANSEY K, PASHA F. Shuffled frog-leaping algorithm: a memetic meta-heuristic for discrete optimization [J]. Engineering Optimization, 2006, 38 (2): 129–154.

[95] GEEM Z W, KIM J H, LOGANATHAN G V. A New Heuristic Optimization Algorithm: Harmony Search [J]. Simulation, 2001, 2 (2): 60–68.

[96] OMRAN M G H, MAHDAVI M. Global-best harmony search [J]. Applied Mathematics and Computation, 2008, 198 (2): 643–656.

[97] PAN Q K, SUGANTHAN P N, J L J, et al. A local-best harmony search algorithm with dynamic subpopulations [J]. Engineering Optimization, 2010.

[98] GAO X Z, GOVINDASAMY V, XU H, et al. Harmony Search Method: Theory and Applications [J]. Computational Intelligence & Neuroscience, 2015, 2015: 39.

[99] KIRKPATRICK S, GELATT C D, VECCHI M P. Optimization by Simulated Annealing [J]. Science, 1983, 220 (4598): 671–680.

[100] SZU H, HARTLEY R. Fast simulated annealing [J]. Physics Letters A, 1987, 122 (3-4): 157–162.

[101] PURUSHOTHAMA G K, JENKINS L. Simulated Annealing with Local Search: A Hybrid Algorithm for Unit Commitment [J]. IEEE Power Engineering Review, 2002, 22 (11): 60.

[102] BENGIO Y, LODI A, PROUVOST A. Machine learning for combinatorial optimization: A methodological tour d'horizon [J/OL]. Eur. J. Oper. Res, 2021, 290 (2): 405–421. https://doi.org/10.1016/j.ejor.2020.07.063.

[103] SUTSKEVER I, VINYALS O, LE Q V. Sequence to Sequence Learning with Neural Networks [C]. NIPS. 2014.

[104] BAHDANAU D, CHO K, BENGIO Y. Neural Machine Translation by Jointly Learning to Align and Translate [J]. Computer Science, 2014.

[105] SUTSKEVER I, VINYALS O, LE Q V. Attention is all you need [C]. 31st Adv. Neural Inf. Process. Syst. (NeurIPS). 2017.

[106] SCARSELLI F, GORI M, TSOI A C, et al. The graph neural network model [J]. IEEE Transactions on Neural Networks, 2009, 12(2): 61–80.

[107] LI Y, TARLOW D, BROCKSCHMIDT M, et al. Gated Graph Sequence Neural Networks [C] // Bengio Y, LeCun Y. 4th International Conference on Learning Representations, San Juan, Puerto Rico, May 2-4, 2016, Conference Track Proceedings. 2016.

[108] GAO H, WANG Z, JI S. Large-Scale Learnable Graph Convolutional Networks [C]. the 24th ACM SIGKDD International Conference. 2018.

[109] VELICKOVIC P, CUCURULL G, CASANOVA A, et al. Graph Attention Networks [C/OL]. 6th International Conference on Learning Representations, ICLR 2018, Vancouver, BC, Canada, April 30 - May 3, 2018, Conference Track Proceedings. 2018. https://openreview.net/forum?id=rJXMpikCZ.

[110] WATKINS C J C H. Learning from delayed rewards [D]. Cambridge: Cambridge University, 1989.

[111] SILVER D, KAVUKCUOGLU K. Asynchronous methods for deep reinforcement learning [C]. in Proceedings of International Conference of Machine Learnning (ICML). 2016.

[112] 汪洋. 美军联合作战筹划及任务规划研究 [J]. 计算机与数字工程, 2016, 44 (8): 1493–1497.

[113] 鲁隆音. FiST: 多兵种联合作战战役任务计划方法研究 [D]. 长沙: 国防科技大学, 2004.

[114] 尹强, 叶雄兵. 作战筹划方法研究 [J]. 国防科技, 2016, 37 (1): 95–99.

[115] MNIH V, KAVUKCUOGLU K, SILVER D, et al. Human-level control through deep reinforcement learning [J/OL]. Nat., 2015, 518 (7540): 529–533. https://doi.org/10.1038/nature14236.

[116] CHIANG T C, LIN H J. A simple and effective evolutionary algorithm for multiobjective flexible job shop scheduling [J]. International Journal of Production Economics, 2013, 141 (1): 87–98.

[117] KUHPFAHL J. Job Shop Scheduling—Formulation and Modeling [M]. Berlin: Springer, 2016.

[118] SCHAUL T, QUAN J, ANTONOGLOU I, et al. Prioritized Experience Replay [C/OL] // Bengio Y, LeCun Y. 4th International Conference on Learning Representations, ICLR 2016, San Juan, Puerto Rico, May 2-4, 2016, Conference Track Proceedings. 2016. http://arxiv.org/abs/1511.05952.

[119] LIU C, CHANG C, TSENG C. Actor-Critic Deep Reinforcement Learning for Solving Job Shop Scheduling Problems [J/OL]. IEEE Access, 2020, 8: 71752–71762. https://doi.org/10.1109/ACCESS.2020.2987820.

[120] PERRON L, FURNON V. OR-Tools [R]. https://developers.google.com/optimization/.

[121] YU B, YANG Z Z. An ant colony optimization model: The period vehicle routing problem with time windows [J]. Transportation Research Part E Logistics & Transportation Review, 2011, 47 (2): 166–181.

[122] ENGLERT M, ROEGLIN H, VOECKING B. Worst case and probabilistic analysis of the 2-Opt algorithm for the TSP [J]. Algorithmica, 2006, 13 (92): 190–264.

[123] LIN S. Computer solutions of the traveling salesman problem [J]. Bell Labs Technical Journal, 1965, 44 (10): 2245–2269.

[124] GARCIA-NAJERA A, BULLINARIA J A. An improved multi-objective evolutionary algorithm for the vehicle routing problem with time windows [J]. Computers & Operations Research, 2011, 38 (1): 287–300.

[125] ZITZLER E, LAUMANNS M, THIELE L. SPEA2: Improving the Strength Pareto Evolutionary Algorithm For Multiobjective Optimization [C]. Evolutionary Methods for Design, Optimization and Control with Applications to Industrial Problems. Proceedings of the EUROGEN'2001. Athens. Greece, September 19-21. 2001.

[126] DEB K, PRATAP A, AGARWAL S, et al. A fast and elitist multiobjective genetic algorithm: NSGA-II [J]. IEEE Transactions on Evolutionary Computation, 2002, 6 (2): 182–197.

[127] JAIN H, DEB K. An Evolutionary Many-Objective Optimization Algorithm Using Reference-Point Based Nondominated Sorting Approach, Part II: Handling Constraints and Extending to an Adaptive Approach [J]. IEEE Transactions on Evolutionary Computation, 2014, 18 (4): 602–622.

[128] ZHANG Q, LI H. MOEA/D: A Multiobjective Evolutionary Algorithm Based on Decomposition [M]. Piscataway: IEEE Press, 2007.

[129] BANOS R, ORTEGA J, GIL C, et al. A hybrid meta-heuristic for multi-objective vehicle routing problems with time windows [J]. Computers & Industrial Engineering, 2013, 65 (2): 286–296.

[130] TAN K C, CHEW Y H, LEE L H. A Hybrid Multiobjective Evolutionary Algorithm for Solving Vehicle Routing Problem with Time Windows [J]. Computational Optimization & Applications, 2006, 34 (1): 115–151.

[131] ALVARENGA G, MATEUS G, DE TOMI G. A genetic and set partitioning two-phase approach for the vehicle routing problem with time windows [J]. Computers & Operations Research, 2007, 34(6): 1561–1584.

[132] EL-SHERBENY N A. Vehicle routing with time windows: An overview of exact, heuristic and metaheuristic methods [J]. Journal of King Saud University - Science, 2010, 22 (3): 123–131.

[133] MASSON R, LEHUEDE F, PETON O. An Adaptive Large Neighborhood Search for the Pickup and Delivery Problem with Transfers [J]. Transportation Science, 2013, 47 (3): 344–355.

[134] SOLOMON M M. Algorithms for the Vehicle Routing and Scheduling Problems with Time Window Constraints [J]. Operations Research, 1987, 35 (2): 254–265.

[135] P H, N M, MORENO PJA. Variable neighbourhood search: methods and applications [J]. Annals of Operations Research, 2010, 175 (1): 367–407.

[136] VICSEK T, CZIROK A, BEN-JACOB E, et al. Novel Type of Phase Transition in a System of Self-Driven Particles [J]. Physical Review Letters, 1995, 75 (6).

[137] COUZIN I D, KRAUSE J, JAMES R, et al. Collective memory and spatial sorting in animal groups [J]. Journal of Theoretical Biology, 2002, 218 (1): 1–11.

[138] GE S S, CUI Y J. Dynamic Motion Planning for Mobile Robots Using Potential Field Method [J]. Autonomous Robots, 2002, 13 (3): 207–222.

[139] MA L, BAO W, ZHU X, et al. O-Flocking: Optimized Flocking Model on Autonomous Navigation for Robotic Swarm [C/OL] // Tan Y, Shi Y, Tuba M. Advances in Swarm Intelligence - 11th International Conference, ICSI 2020, Belgrade, Serbia, July 14-20, 2020, Proceedings. 2020: 628–639. `https://doi.org/10.1007/978-3-030-53956-6_58`.

[140] ATASHPAZ-GARGARI E, LUCAS C. Imperialist competitive algorithm: An algorithm for optimization inspired by imperialistic competition [C]. IEEE Congress on Evolutionary Computation. 2008.

[141] REYNOLDS C W. Flocks, Herds and Schools: A Distributed Behavioral Model [J]. ACM SIGGRAPH Computer Graphics, 1987, 21 (4): 25–34.

[142] R K. Code for Robot Path Planning using Artificial Potential Fields [R]. 2014.

[143] YANG Y, LIU M, CUI H, et al. Research on Formation Behavior of Flock with Visual Guidance Algorithm [C]. 2018 IEEE International Conference on Robotics and Biomimetics (ROBIO). 2018.

算法代码及实验结果

A.1 双重深度 Q 学习网络的训练

双重深度 Q 学习网络方法的训练伪代码见算法 A.1。

算法 A.1 G-DDQN

Input: minibatch k, replay capacity N, maximum iteration T, replay parameter α, β, priority parameter e, priority update parameter φ maximum step K

repeat

  Initialize replay memory $\kappa = \varnothing, \delta_0 = 0, p_1 = 1$

  Initialize $\mathrm{St}_0 = \{D_0, W_0, S_0\}$.

  for $t = 1$ to T do

    Choose next action using ε-greedy rule.

    Execute a_t, gather reward r_t, update St_t to St_{t+1}.

    Store transition $\{\mathrm{St}_t, a_t, \mathrm{St}_{t+1}\}$ in κ with maximum priority $p_t = \max\limits_{i<t} p_i$.

    if $t \equiv 0 \bmod K$ then

      for $j = 1$ to k do

        Sample transition j $P(j) = p_j^{a_t} / \sum\limits_i p_i^{a_t}$

        Compute importance-sampling weight $sw_j = (N \bullet P(j))^{-\beta} / \max\limits_i sw_i$

        Compute Q mark of sample $y_t = r_t + \gamma \max\limits_{a_t} Q_{\mathrm{target}}\left(S_{t+1}, \mathrm{argmax}\limits_{a_t} Q\left(S_{t+1}, a_t\right); \Theta\right)$

        Compute time error $\Delta_t = y_t - Q_{\mathrm{policy}}\left(S_t, a_{t-1}; \Theta\right)$

        Update priority $p_i = (|\Delta_i| + e)^{\varphi}$

```
      end for
      Compute loss ∑ sw_t(y_t - Q_policy(S_t, a_{t-1}; Θ))^2
      Update Θ using SGD
    end if
  end for
until All scenarios end.
Return Θ
```

A.2 MOSA-ACO 算法表现分析

A.2.1 算法基本表现分析汇总

MOSA-ACO 算法和其他 5 种算法在基于 Solomon 算例和 Cordeau 算例生成的测试样例中的表现见表 A.1 和表 A.2。

表 A.1　基于 Solomon 算例生成的测试样例的算法表现分析

算例名称	优化目标	MOSA-ACO 平均值	变异系数/%	差值/%	IACO 平均值	变异系数/%	差值/%	NSGA II 平均值	变异系数/%	差值/%	SPEA 2 平均值	变异系数/%	差值/%	MOEA/D 平均值	变异系数/%	差值/%	NSGA III 平均值	变异系数/%	差值/%
C103-50	TD	**913.92**	1.6	0.0	1094.71	0.7	19.8	1150.33	6.1	25.9	1078.14	10.5	18.0	1038.10	6.9	13.6	963.15	7.2	5.4
	FS	3.55	2.3	15.5	4.38	5.8	31.5	3.29	5.6	8.8	3.01	13.8	0.3	3.21	5.0	6.4	**3.00**	14.4	0.0
	VF	97.77	2.7	5.7	102.58	2.9	1.1	**103.73**	3.8	0.0	93.02	7.8	10.3	98.06	4.5	5.5	99.30	6.9	4.3
	CPU/s	1063.29			1145.69			88.52			81.19			191.57			198.58		
C108-50	TD	1216.65	1.6	11.4	1222.49	1.2	12.0	1335.57	2.7	22.3	**1091.9**	5.9	0.0	1331.75	4.9	22.0	1280.36	2.4	17.3
	FS	4.28	1.7	33.5	5.11	2.5	44.3	2.95	8.3	3.5	3.45	7.7	17.4	3.31	5.5	14.0	**2.85**	0.3	0.0
	VF	**127.43**	2.9	0.0	124.75	2.2	2.1	105.2	5.5	17.4	99.03	5.2	22.3	101.58	3.6	20.3	108.32	2.9	15.0
	CPU/s	2585.71			1587.14			93.8			80.18			191.33			202.99		
C203-50	TD	**1086.5**	0.9	0.0	1109.55	0.7	2.1	1223.64	4.5	12.6	1225.23	6.4	12.8	1207.61	7.0	11.2	1169.10	8.5	7.6
	FS	2.73	4.2	45.9	3.00	0.0	50.8	1.77	9.8	16.6	1.52	18.7	2.9	**1.48**	13.8	0.0	2.20	14.4	32.9
	VF	**115.21**	2.1	0.0	111.88	2.1	2.9	99.98	3.3	13.2	98.87	5.7	14.2	103.92	3.1	9.8	107.48	3.4	6.7
	CPU/s	1244.32			1635.39			81.05			59.31			185.72			173.75		
C208-50	TD	**1113.8**	0.8	0.0	1230.13	0.4	10.4	1201.4	3.7	7.9	1134.5	3.2	1.9	1207.61	7.0	8.4	1184.93	8.4	6.4
	FS	**2**	0.0	43.5	2.00	0.0	43.5	1.53	6.9	26.1	**1.13**	13.6	0.0	1.38	13.8	17.9	1.34	6.3	15.8
	VF	**113.78**	2.7	1.0	**114.92**	2.7	0.0	98.03	3.2	14.7	99.37	4.9	13.5	103.92	3.1	9.6	102.12	3.7	11.1
	CPU/s	3072.09			2296.34			70.82			49.8			185.17			170.99		
R103-50	TD	**1791.4**	1.5	0.0	2067.54	1.0	15.4	1859.74	3.9	3.8	1800.47	6.3	0.5	1833.07	6.1	2.3	1816.77	8.4	1.4
	FS	5.2	2.3	10.6	5.35	3.7	13.2	5.26	9.4	11.6	5.35	11.3	13.1	**4.65**	9.1	0.0	4.88	6.3	4.7
	VF	107.93	2.5	6.1	**114.95**	1.1	0.0	105.67	3.7	8.1	103.89	5.4	9.6	103.99	4.0	9.5	103.39	9.1	10.1
	CPU/s	2355.44			2290.14			99.95			82.1			183.66			193.54		
R108-50	TD	**1384.7**	0.8	0.0	1512.31	0.6	9.2	1519.16	4.1	9.7	1425.32	2.6	2.9	1469.62	8.1	6.1	1473.38	8.2	6.4
	FS	3.33	4.5	9.9	3.64	3.6	17.5	3.54	3.4	15.3	**3**	5.4	0.0	3.28	4.9	8.6	3.30	11.3	9.0
	VF	98.9	1.7	3.7	**102.68**	2.0	0.0	100.37	2.3	2.2	95.16	5.1	7.3	94.62	6.3	7.8	95.26	7.5	7.2
	CPU/s	2812.24			2250.75			99.59			99.52			195.45			202.62		
R203-50	TD	1697.94	1.7	4.3	1946.29	2.6	19.5	1706.23	2.6	4.8	1676.23	4.5	2.9	**1628.61**	6.0	0.0	1636.54	5.9	0.5
	FS	2.96	3.6	49.0	3.05	3.4	50.5	2.07	4.4	27.1	1.6	5.9	5.6	1.83	13.1	17.7	**1.51**	1.7	0.0
	VF	**126.31**	2.5	0.0	126.02	2.4	0.2	110.51	3.3	12.5	111.64	2.9	11.6	108.36	8.2	14.2	113.94	4.9	9.8
	CPU/s	769.78			1581.57			183.44			99.52			175.49			199.44		

续表 III

算例名称	优化目标	MOSA-ACO 平均值	变异系数/%	差值/%	IACO 平均值	变异系数/%	差值/%	NSGA II 平均值	变异系数/%	差值/%	SPEA 2 平均值	变异系数/%	差值/%	MOEA/D 平均值	变异系数/%	差值/%	NSGA III 平均值	变异系数/%	差值/%
R208-50	TD	**1084.1**	0.9	0.0	1108.53	4.7	2.3	1106.23	4.5	2.0	1107.52	3.4	2.2	1143.26	11.9	5.5	1090.23	7.1	0.6
	FS	1.29	8.2	22.1	1.18	17.8	14.8	1.13	14.7	11.1	1.13	14.5	11.1	1.05	8.5	4.3	**1.00**	0.9	0.0
	VF	91.4	2.3	3.9	**95.09**	5.7	0.0	91.2	2.3	4.1	90.66	3.3	4.7	88.93	5.8	6.5	89.71	6.0	5.7
	CPU/s	1264.67	—	—	1443.28	—	—	122.98	—	—	224.01	—	—	183.35	—	—	168.62	—	—
RC103-50	TD	**1705**	0.8	0.0	1767.38	1.1	3.7	1716.29	2.9	0.7	1793.1	6.0	5.2	1791.78	4.3	5.1	1756.95	4.5	3.0
	FS	4.5	2.9	6.0	5.00	0.0	15.4	4.51	5.5	6.2	**4.23**	9.1	0.0	4.53	2.6	6.6	4.43	9.9	4.5
	VF	**96.65**	2.0	0.0	96.59	1.8	0.1	95.85	4.9	0.8	94.72	5.7	2.0	92.01	3.7	4.8	92.60	5.9	4.2
	CPU/s	857.56	—	—	1108.96	—	—	152.41	—	—	97.09	—	—	170.38	—	—	190.08	—	—
RC108-50	TD	**1439.9**	0.8	0.0	1596.24	0.7	10.9	1507.51	3.7	4.7	1531.46	3.6	6.4	1587.47	3.6	10.2	1478.36	5.3	2.7
	FS	3.99	3.1	21.6	4.57	3.0	31.5	3.81	5.9	17.8	**3.13**	3.5	0.0	3.59	8.5	12.7	3.33	12.6	6.0
	VF	93.77	2.1	0.7	**94.39**	4.0	0.0	93.58	6.9	0.9	90.36	3.6	4.3	90.87	3.7	3.7	89.01	10.6	5.7
	CPU/s	965.5	—	—	1205.23	—	—	170.16	—	—	108.15	—	—	182.53	—	—	188.81	—	—
RC203-50	TD	**1739.7**	3.6	0.0	1942.25	1.4	11.6	1796.1	5.2	3.2	1766.47	7.1	1.5	1782.17	5.0	2.4	1752.38	8.6	0.7
	FS	3	6.8	37.0	3.51	6.2	46.1	2.02	2.3	6.4	**1.89**	11.1	0.0	2.31	6.5	18.1	2.04	3.0	7.3
	VF	125.06	6.3	0.4	**125.58**	1.9	0.0	107.86	4.8	14.1	108.18	6.9	13.9	111.41	5.9	11.3	112.90	11.6	10.1
	CPU/s	818.89	—	—	1429.20	—	—	207.06	—	—	92.08	—	—	191.48	—	—	216.05	—	—
RC208-50	TD	**1365**	14.3	0.0	1640.13	1.8	20.2	1468.03	2.9	7.5	1449.87	9.5	6.2	1484.93	12.0	8.8	1365.60	4.9	0.0
	FS	1.84	2.0	19.2	2.00	0.0	25.6	1.54	11.8	3.4	1.63	15.0	8.7	1.80	7.4	17.3	**1.49**	3.2	0.0
	VF	**107.48**	11.9	0.0	106.18	4.4	1.2	101.21	5.7	5.8	99.33	8.5	7.6	102.35	5.5	4.8	102.07	6.1	5.0
	CPU/s	994.67	—	—	1365.51	—	—	133.53	—	—	350.15	—	—	180.33	—	—	173.70	—	—

注：加黑字体表示测试结果更佳。

表 A.2　基于 Cordeau 算例生成的测试样例的算法表现分析

算例名称	优化目标	MOSA-ACO			IACO			NSGA II			SPEA 2			MOEA/D			NSGA III		
		平均值	变异系数/%	差值/%	平均值	变异系数/%	差值/%	平均值	变异系数/%	差值/%	平均值	变异系数/%	差值/%	平均值	变异系数/%	差值/%	平均值	变异系数/%	差值/%
pr01	TD	4045.9	2.2	2.0	4500.45	1.1	11.9	4122.6	3.0	3.9	4087.8	5.2	3.0	4052.2	9.2	2.2	3963.2	8.9	0.0
	FS	5.4	3.7	25.9	5.91	2.2	32.3	4	6.8	0.0	4	6.3	0.0	4.1	6.1	1.3	4.2	16.2	5.5
	VF	144.7	2.7	0.0	142.52	1.6	1.5	137.1	3.7	5.5	135.1	4.3	7.1	131.1	7.4	10.4	132.8	7.7	8.9
	CPU/s	2130.7	—	—	1405.7	—	—	144.3	—	—	143.2	—	—	221.7	—	—	232.0	—	—
pr02	TD	7399.4	2.9	0.0	8157.9	0.8	9.3	7663.6	4.4	3.4	7542.8	2.7	1.9	7506.8	8.8	1.4	7484.6	6.3	1.1
	FS	10.4	2.0	23.2	11.1	2.5	27.9	9	6.5	11.2	8.8	4.4	9.2	9.0	6.1	11.2	8.0	6.6	0.0
	VF	307.6	2.4	0.0	301.2	1.5	2.1	284.6	2.4	8.1	290.9	2.4	5.7	283.0	6.6	8.7	277.7	4.3	10.8
	CPU/s	5532.8	—	—	4158.5	—	—	588.3	—	—	588.8	—	—	905.1	—	—	744.1	—	—
pr03	TD	10802	0.3	0.0	11787.8	1.0	8.4	11605.5	2.1	6.9	11924.8	2.0	9.4	11858.4	6.0	8.9	11700.3	2.7	7.7
	FS	14.3	2.1	11.2	15.4	1.4	17.7	12.8	2.8	0.8	13.1	8.1	3.1	13.3	6.8	0.0	13.3	5.4	4.3
	VF	455.7	0.5	0.0	454.8	1.0	0.2	422.9	1.2	7.8	424.3	1.4	7.4	432.0	5.4	5.5	448.1	2.1	1.7
	CPU/s	10379	—	—	9078.8	—	—	1207.7	—	—	1347.5	—	—	1824.1	—	—	1513.4	—	—
pr07	TD	9543	1.6	0.3	10363.5	0.7	8.2	10979.5	2.9	13.3	10287.8	4.5	7.5	10772.6	5.7	11.7	9516.6	5.1	0.0
	FS	9.9	3.2	19.9	10.4	1.7	23.8	8.1	3.8	2.1	8.2	5.3	3.3	8.4	3.2	5.8	7.9	11.4	0.0
	VF	347.2	2.9	0.0	342.9	0.6	1.2	322.1	1.7	7.8	320.5	2.5	8.3	335.1	2.9	3.6	324.3	4.0	7.1
	CPU/s	4695.1	—	—	3641.5	—	—	522.8	—	—	576.2	—	—	869.8	—	—	984.9	—	—
pr08	TD	14790	1.7	0.0	16401.2	0.6	9.8	15358.9	3.0	3.7	15778.2	3.8	6.3	15681.1	12.8	5.7	15241.5	5.2	3.0
	FS	15.2	2.0	17.0	16.6	1.1	23.8	13.2	3.4	4.4	13.1	3.7	3.7	12.6	5.3	0.1	12.6	7.5	0.0
	VF	679.5	1.6	0.6	683.8	0.5	0.0	625.9	0.9	9.3	623.2	1.3	9.7	626.5	4.7	9.2	635.2	1.6	7.7
	CPU/s	12379.3	—	—	10206.3	—	—	2009.9	—	—	2351.7	—	—	2298.1	—	—	2399.0	—	—
pr11	TD	3109.6	1.3	0.0	3396.6	1.5	8.4	3362.1	3.8	7.5	3327.2	3.5	6.5	3294.1	8.7	5.6	3216.4	6.9	3.3
	FS	3.6	4.3	2.8	4.0	1.3	12.9	3.5	4.4	0.0	3.5	5.1	0.0	3.6	2.9	3.8	4.0	18.1	13.0
	VF	139	2.3	1.9	141.7	1.7	0.0	131.4	2.9	0.0	132.8	3.3	6.7	132.7	5.0	6.7	141.2	4.0	0.3
	CPU/s	2778.2	—	—	2217.0	—	—	174.4	—	—	164.7	—	—	263.0	—	—	276.5	—	—
pr12	TD	5865.9	1.7	0.0	6313.3	1.2	7.1	6240.4	4.4	6.0	6572.3	3.8	10.7	6355.3	8.5	7.7	6114.8	6.8	4.1
	FS	7.8	2.7	12.8	8.2	2.2	17.0	6.8	5.4	0.0	6.9	4.4	1.4	7.1	5.9	4.6	7.3	8.0	6.3
	VF	295.9	2.2	1.6	300.6	1.1	0.0	274.6	2.0	9.5	278.8	2.1	7.8	283.6	3.9	6.0	282.8	2.3	6.3
	CPU/s	5858.5	—	—	3962.4	—	—	745.8	—	—	780	—	—	938.3	—	—	863.8	—	—

续表

算例名称	优化目标	MOSA-ACO 平均值	变异系数/%	差值/%	IACO 平均值	变异系数/%	差值/%	NSGA II 平均值	变异系数/%	差值/%	SPEA 2 平均值	变异系数/%	差值/%	MOEA/D 平均值	变异系数/%	差值/%	NSGA III 平均值	变异系数/%	差值/%
pr13	TD	**8691.4**	0.8	0.0	9396.5	0.9	7.5	9204.9	2.9	5.6	9007.9	3.6	3.5	9366.7	8.4	7.2	9141.7	4.6	4.9
	FS	10.4	1.1	11.9	11.1	1.5	17.7	9.3	3.7	1.4	9.5	3.5	3.5	9.9	7.1	7.8	**9.2**	4.0	0.0
	VF	445.1	1.0	0.3	**446.4**	1.1	0.0	402.7	1.2	10.9	410.5	1.9	8.8	417.5	4.2	6.9	427.1	2.7	4.5
	CPU/s	9972.4	—	—	8395.6	—	—	1622	—	—	1586.9	—	—	1851.7	—	—	1905.8	—	—
pr17	TD	**7533.2**	1.4	0.0	8004.0	0.9	5.9	8157.4	1.5	7.7	8502.5	5.9	11.4	8289.9	7.7	9.1	8150.3	4.4	7.6
	FS	6	3.2	7.0	6.4	2.0	13.1	5.7	2.8	2.1	5.8	4.4	3.8	5.8	5.5	3.2	**5.6**	3.3	0.0
	VF	333.1	2.8	0.3	**334.2**	0.9	0.0	315.7	1.3	5.9	329.4	3.3	1.5	317.3	5.0	5.3	322.3	3.1	3.7
	CPU/s	5219.2	—	—	5322.9	—	—	668.8	—	—	730.6	—	—	883.3	—	—	902.5	—	—
pr18	TD	**12260**	1.1	0.0	12935.1	0.8	5.2	13044.5	3.0	6.0	13451	2.6	8.9	13025.2	8.4	5.9	12859.7	5.3	4.7
	FS	10.8	2.4	14.1	11.6	1.2	20.1	9.8	4.0	5.3	9.7	3.3	4.4	10.4	5.4	11.2	**9.3**	6.4	0.0
	VF	**675.1**	0.8	0.0	672.8	0.7	0.3	621	0.7	8.7	621.8	0.9	8.6	637.3	3.2	5.9	646.2	1.4	4.5
	CPU/s	12001.1	—	—	12733.2	—	—	2426.9	—	—	2587.4	—	—	2715.4	—	—	2915.8	—	—

注：加黑字体表示测试结果更佳。

A.2.2　算法超体积分析表现分析汇总

MOSA-ACO 算法和其他 5 种算法在 Solomon 类和 Cordeau 类算例中的超体积分析表现见表 A.3 和表 A.4。

表 A.3　Solomon 类算例超体积分析结果

算例名称	项目	MOSA-ACO	IACO	NSGA Ⅱ	SPEA 2	MOEA/D	NSGA Ⅲ
C103-50	平均值	73.6	63.1	73.0	67.9	**75.4**	72.8
	最大值	81.0	68.1	80.0	86.2	**82.3**	80.5
	最小值	69.1	59.4	66.9	58.6	**70.4**	66.4
	差值	2.4%	16.3%	3.1%	9.9%	**0.0%**	3.5%
C108-50	平均值	**59.6**	53.8	50.3	50.7	57.2	54.3
	最大值	62.9	58.0	54.8	58.5	**64.2**	58.7
	最小值	**56.0**	50.6	43.9	43.5	49.9	49.1
	差值	**0.0%**	9.7%	15.6%	14.9%	4.0%	8.9%
C203-50	平均值	**75.8**	66.2	72.6	69.3	74.8	74.0
	最大值	**96.8**	69.7	82.9	88.9	82.0	81.1
	最小值	50.9	63.3	58.6	51.1	**68.5**	68.1
	差值	**0.0%**	12.7%	4.2%	8.6%	1.4%	2.4%
C208-50	平均值	**61.3**	49.4	47.1	46.3	53.1	51.7
	最大值	63.9	53.5	53.9	57.5	**66.4**	58.7
	最小值	**59.2**	45.6	40.2	37.6	49.5	44.6
	差值	**0.0%**	19.4%	23.2%	24.5%	13.3%	15.6%
R103-50	平均值	**68.4**	65.5	62.9	63.8	66.1	64.3
	最大值	71.8	69.8	**75.1**	74.0	72.8	72.6
	最小值	**62.6**	59.5	50.8	53.1	60.6	56.4
	差值	0.0%	4.2%	8.0%	6.7%	**3.3%**	6.1%
R108-50	平均值	62.0	57.5	62.9	61.9	**64.0**	63.2
	最大值	67.6	66.5	69.1	67.5	**70.4**	71.3
	最小值	**58.4**	51.9	55.5	56.4	56.3	56.5
	差值	3.1%	10.1%	1.6%	3.2%	**0.0%**	1.1%
R203-50	平均值	57.7	52.7	61.4	53.6	63.2	**63.5**
	最大值	59.9	62.9	65.6	59.2	**71.7**	67.0
	最小值	**55.6**	46.6	54.3	49.1	54.7	45.7
	差值	9.1%	17.0%	3.3%	15.6%	0.5%	**0.0%**
R208-50	平均值	**73.4**	67.0	70.4	68.1	72.6	70.2
	最大值	80.7	**83.3**	82.6	72.5	78.5	81.4
	最小值	**65.7**	52.8	55.9	34.2	62.5	59.1
	差值	**0.0%**	8.7%	4.1%	7.2%	1.1%	4.4%

续表

算例名称	项目	MOSA-ACO	IACO	NSGA Ⅱ	SPEA 2	MOEA/D	NSGA Ⅲ
RC103-50	平均值	55.1	37.3	58.5	54.8	**62.0**	60.2
	最大值	54.1	40.6	63.1	60.7	70.8	**76.0**
	最小值	52.5	32.9	54.3	52.4	**57.5**	55.1
	差值	11.2%	39.8%	5.7%	11.6%	**0.0%**	2.9%
RC108-50	平均值	**74.4**	52.3	67.2	68.1	66.0	65.9
	最大值	80.3	58.3	79.8	**83.5**	76.6	73.4
	最小值	**65.9**	46.8	53.5	59.5	61.0	58.0
	差值	**0.0%**	29.7%	9.7%	8.5%	11.4%	11.4%
RC203-50	平均值	**61.1**	54.0	58.0	59.4	60.6	59.7
	最大值	67.6	56.0	64.8	76.1	72.2	**72.5**
	最小值	**58.1**	50.3	44.5	41.0	53.8	52.0
	差值	**0.0%**	11.6%	5.1%	2.8%	0.9%	2.3%
RC208-50	平均值	**52.2**	40.9	44.8	45.6	51.6	50.3
	最大值	**76.9**	44.1	57.3	56.2	58.1	62.0
	最小值	39.3	36.8	39.4	38.0	**43.5**	39.4
	差值	**0.0%**	21.6%	14.2%	12.6%	1.2%	3.6%
总体	平均值	64.6	55.0	60.8	59.1	63.9	62.5
	差值	**0.0%**	14.8%	5.9%	8.4%	1.1%	3.2%

注：加黑字体表示测试结果更佳。

表 A.4   Cordeau 类算例超体积分析结果

算例名称	项目	MOSA-ACO	IACO	NSGA Ⅱ	SPEA 2	MOEA/D	NSGA Ⅲ
pr01	平均值	56.2	52.4	53.6	53.5	**61.6**	56.2
	最大值	57.4	55.2	61.4	56.0	66.0	**66.2**
	最小值	**55.3**	48.9	48.2	49.8	54.5	48.9
	差值	8.8%	15.0%	13.0%	13.2%	**0.0%**	8.8%
pr02	平均值	**67.1**	62.7	62.8	65.0	65.6	62.8
	最大值	68.7	64.5	67.7	67.5	67.7	**70.8**
	最小值	**64.1**	59.5	60.4	59.4	63.0	55.2
	差值	**0.0%**	6.6%	6.4%	3.1%	2.2%	6.5%
pr03	平均值	80.9	76.2	72.8	70.6	**81.9**	76.0
	最大值	83.2	78.5	75.5	74.8	**83.9**	82.4
	最小值	**78.0**	73.7	69.1	69.1	78.4	68.7
	差值	1.3%	7.0%	11.2%	13.8%	**0.0%**	7.2%
pr07	平均值	79.7	68.8	74.9	78.3	**81.7**	75.7
	最大值	80.7	70.6	79.8	81.9	**82.5**	81.4

续表

算例名称	项目	MOSA-ACO	IACO	NSGA II	SPEA 2	MOEA/D	NSGA III
	最小值	77.6	67.3	74.5	76.9	**80.9**	69.8
	差值	2.4%	15.7%	8.3%	4.1%	**0.0%**	7.3%
pr08	平均值	**75.3**	72.2	73.9	71.9	74.3	75.2
	最大值	77.5	74.8	75.0	72.9	**78.4**	**78.4**
	最小值	**73.4**	69.6	71.5	69.8	72.6	70.4
	差值	**0.0%**	4.1%	1.9%	4.5%	1.4%	0.1%
pr11	平均值	**87.4**	78.4	77.2	76.3	86.3	79.1
	最大值	93.8	86.1	86.5	84.7	93.6	**94.0**
	最小值	**82.8**	74.0	65.7	67.1	82.5	70.8
	差值	**0.0%**	10.3%	11.7%	12.7%	1.2%	9.5%
pr12	平均值	**87.3**	78.1	76.4	78.6	85.5	80.9
	最大值	**89.8**	82.7	80.3	69.9	88.3	89.7
	最小值	**84.3**	78.7	72.5	61.8	82.9	72.7
	差值	**0.0%**	10.5%	12.5%	10.0%	2.1%	7.4%
pr13	平均值	**81.1**	80.0	76.7	77.1	79.1	76.2
	最大值	84.7	79.9	78.2	79.0	**85.4**	83.3
	最小值	**77.3**	76.4	75.0	76.4	73.2	72.2
	差值	**0.0%**	1.3%	5.4%	4.9%	2.4%	6.0%
pr17	平均值	**91.1**	83.4	84.2	83.6	85.6	81.1
	最大值	92.5	85.2	89.5	**92.8**	88.7	91.0
	最小值	**88.8**	80.3	80.1	74.1	80.2	73.7
	差值	**0.0%**	8.5%	7.6%	8.2%	6.0%	11.0%
pr18	平均值	**80.5**	73.7	71.0	72.8	79.4	76.7
	最大值	**83.4**	77.2	73.4	74.8	81.9	78.4
	最小值	**77.6**	72.9	68.2	71.5	75.4	74.2
	差值	**0.0%**	8.4%	11.8%	9.6%	1.4%	4.7%
总体	平均值	78.7	72.6	72.4	72.8	78.1	74.0
	差值	**0.0%**	7.7%	8.0%	7.5%	0.7%	5.9%

注：加黑字体表示测试结果更佳。

A.3   天基资源任务规划问题仿真实验结果

400 虚拟客户和 100 虚拟客户规模算例集计算结果的汇总见表 A.5 和表 A.6。

表 A.5 400 虚拟客户规模算例集计算结果汇总

算例名称	优化目标	MAS-LS 平均值	最优值	变异系数/%	MAS 平均值	最优值	变异系数/%	NSGA Ⅱ 平均值	最优值	变异系数/%	SPEA 2 平均值	最优值	变异系数/%	VNS 平均值	最优值	变异系数/%
C1_4_2	ST	38560	39600	1.9	38160	39600	3.7	37939.5	38910	2.1	36185.57	36390	0.2	38500	39600	2.0
	TD	10043.8	9538	2.6	12681	12145	3.4	11118.27	9794	9.2	10476.76	10195.99	1.3	10258.52	9684.185	5.0
	FS	53.1	51	2.6	53.2	50	4.4	53.85	51	2.2	54.53	52	0.9	53.6	52	1.2
	CPU/s	9058.2	—	—	8238.36	—	—	15756.17	—	—	15061.82	—	—	372.25	—	—
C1_4_10	ST	38560	40800	3.2	40560	43200	3.9	37086.75	37260	0.2	36855	37260	0.8	39360	40800	2.7
	TD	8764.6	8550	1.3	11007.8	10719	1.7	9845.43	9743.921	0.2	9372.66	8743.921	6.5	9398.82	8906.873	3.2
	FS	43.1	42	1.2	44.6	43	2.3	44.1	42	0.7	43.88	43	0.4	43.3	43	1.1
	CPU/s	8801.67	—	—	8019.24	—	—	16272.32	—	—	17272.32	—	—	346.99	—	—
C2_4_6	ST	44840	46000	2.0	42480	45600	5.2	38497.5	38700	0.1	37892.5	41400	1.5	41000	44000	3.3
	TD	6292.4	5629	9.7	7877.8	7582	2.1	6347.93	5591.29	5.8	7473.95	6341.285	11.1	6758	6558.323	2.7
	FS	27.7	26	3.6	26.2	25	4.5	26.22	26	0.9	25.68	25	3.3	25.8	25	1.6
	CPU/s	8308.5	—	—	7613.48	—	—	16272.32	—	—	23588.72	—	—	312.97	—	—
C2_4_7	ST	38920	41200	3.4	41600	43200	7.8	39294.82	39850	0.4	38382.65	39850	15.2	40000	42000	3.2
	TD	6055.2	5673	2.7	8202.6	7836	3.2	6416.42	5785.77	6.2	6758.5	6185.77	4.1	6487.74	5738.042	6.5
	FS	26.5	25	3.4	27.2	25	4.9	26.5	25	1.1	26.6	25	0.6	27.2	24	4.3
	CPU/s	8522.3	—	—	8073.2	—	—	15024.5	—	—	23024.5	—	—	315.48	—	—
R1_4_8	ST	6520	7600	9.1	6675.3	8200	17.7	6494.68	7190	12.1	6145.45	7360	3.4	6460	7300	8.5
	TD	8358	8112	1.9	8752	8395	2.7	8497.34	8178.97	7.5	8507.5	8078.97	5.3	8432.94	8105.784	2.8
	FS	39.5	38	2.3	37.4	36	6.2	37.63	37	0.7	38.43	37	2.3	38.3	38	1.2
	CPU/s	8084.62	—	—	4738.44	—	—	49741.32	—	—	49365.63	—	—	275.42	—	—
R2_4_6	ST	14250	16000	6.5	14000	16500	15.6	14159.17	14600	3.0	13784.17	14100	2.1	12600	14000	7.3
	TD	8216.9	8064	1.4	12203.2	11938	1.4	8541.68	8615.441	1.0	8862.99	8404.56	0.1	8400.4	7963.13	2.5
	FS	27.6	26	4.6	28.6	28	1.7	26.12	26	0.5	26.67	26	0.4	26.8	26	1.5
	CPU/s	6200.87	—	—	7693.26	—	—	199731.6	—	—	204093.9	—	—	1125.98	—	—

续表

算例名称	优化目标	MAS-LS			MAS			NSGA II			SPEA 2			VNS		
		平均值	最优值	变异系数/%	平均值	最优值	变异系数/%	平均值	最优值	变异系数/%	平均值	最优值	变异系数/%	平均值	最优值	变异系数/%
R2_4_7	ST	**13800**	**16000**	12.0	13600	**16000**	14.4	13375.89	13950	0.6	13242.08	13900	2.7	13400	14000	6.8
	TD	**7225.7**	6968	2.2	10049.8	9501	2.9	7254.82	**6897.18**	0.7	7591.42	7353.561	1.3	7768.9	7768.902	0.0
	FS	24	**22**	6.5	23.4	**22**	9.6	24	22	0.0	**23.23**	**22**	0.8	24	**22**	0.0
	CPU/s	8400.23	—	—	6972.82	—	—	110990	—	—	209741.3	—	—	1655.07	—	—
RC1_4_3	ST	**6920**	8200	7.7	6640	8800	16.9	5737	4660	6.4	6570	**8810**	10.4	6600	7800	8.1
	TD	**9454**	9092	2.3	12356.6	11958	1.9	9556.89	**8943.53**	2.3	9905.76	9794.153	0.4	9795.55	9295.343	3.3
	FS	**47.9**	46	2.4	48.6	**45**	4.2	47.9	46	0.2	47.95	46	0.7	48.3	46	2.5
	CPU/s	7834.62	—	—	7259.81	—	—	36599.4	—	—	52528.45	—	—	338.41	—	—
RC1_4_6	ST	5600	6800	8.5	6160	**7200**	12.5	6521.64	6920	1.4	6480	**7200**	3.0	5400	6400	8.8
	TD	**9987.7**	**9707**	1.2	12582.4	12396	1.1	10049.88	9709.426	1.0	10137.83	9952.069	0.5	10012.83	9882.688	0.8
	FS	50.9	49	3.6	53.8	52	1.8	51.55	50	0.6	49.9	**48**	1.1	**49.2**	49	0.8
	CPU/s	6690.64	—	—	7538.65	—	—	38040.16	—	—	47476.75	—	—	373.74	—	—
RC2_4_8	ST	**12400**	**12400**	8.7	10900	12000	12.5	9613.89	10050	2.1	10127.78	10700	3.2	10730	12300	8.8
	TD	**7362.8**	7067	1.9	9252	8895	2.6	7469.98	**6762.91**	3.6	7824.5	6984.398	9.8	7449.83	7357.831	0.7
	FS	18.9	17	6.9	21.4	19	10.9	20.8	20	0.9	20.9	20	1.3	19.4	**16**	10.4
	CPU/s	6519.04	—	—	4738.44	—	—	109661	—	—	86301.55	—	—	576.83	—	—

注: 加黑字体表示实验结果最佳。

表 A.6 100 虚拟客户规模算例集计算结果汇总

算例名称	优化目标	MAS-LS 平均值	MAS-LS 最优值	MAS-LS 变异系数/%	MAS 平均值	MAS 最优值	MAS 变异系数/%	NSGA II 平均值	NSGA II 最优值	NSGA II 变异系数/%	SPEA 2 平均值	SPEA 2 最优值	SPEA 2 变异系数/%	VNS 平均值	VNS 最优值	VNS 变异系数/%
C103	ST	**9980.0**	10500.0	3.8	9930.0	**10800.0**	4.6	9765.2	10180.0	3.0	9536.4	10530.0	4.8	9980.0	10700.0	3.3
	TD	**1290.5**	**1204.0**	4.1	1329.1	1261.0	4.3	1491.0	1442.9	4.0	1427.2	1291.6	7.4	1371.9	1207.3	6.5
	FS	13.8	**12.0**	6.3	13.9	**12.0**	6.8	**13.1**	**12.0**	4.7	13.5	13.0	2.6	14.3	13.0	4.5
	CPU/s	440.1			454.1			439.0			2155.6			17.0		
C108	ST	**11050.0**	12000.0	5.9	10530.0	11400.0	6.2	10272.1	10890.0	3.2	10592.2	**12210.0**	5.8	10950.0	12000.0	5.1
	TD	**1196.1**	**1089.0**	5.8	1197.4	**1089.0**	5.5	1291.4	1112.7	7.0	1271.7	1117.3	7.4	1275.93	1091.5	10.3
	FS	**13.4**	12.0	6.0	**13.4**	12.0	7.6	13.7	**12.0**	2.6	13.5	13.0	3.3	13.5	**12.0**	3.7
	CPU/s	488.6			445.0			424.5			1673.7			15.3		
C203	ST	**11650.0**	13000.0	7.4	11350.0	13000.0	9.0	10526.5	11100.0	3.9	10992.8	**14050.0**	7.7	11250.0	12000.0	4.1
	TD	1048.3	948.0	6.2	1052.1	962.0	4.7	1070.5	978.6	4.6	1107.47	924.4	12.3	1188.8	1001.8	8.1
	FS	6.7	6.0	9.6	6.9	6.0	12.0	**5.2**	**5.0**	4.4	5.3	**5.0**	3.6	5.7	**5.0**	8.0
	CPU/s	631.6			639.3			1041.4			1570.3			32.3		
C208	ST	10750	12000	4.7	10600.0	12000.0	6.9	10566.3	11250.0	2.4	**11307.5**	11800.0	8.5	10900.0	**13000.0**	8.7
	TD	**761.8**	707.0	5.6	790.5	698.0	5.9	865.7	720.9	9.4	829.7	**673.9**	11.4	859.8	675.8	9.0
	FS	4.6	**4.0**	10.6	4.9	**4.0**	14.3	4.6	**4.0**	10.8	5.4	5.0	5.6	4.9	**4.0**	6.1
	CPU/s	473.2			411.0			1025.7			1796.8			31.2		
R103	ST	**1230.0**	**1400.0**	8.2	1210.0	**1400.0**	10.7	1227.0	1310.0	6.0	1180.1	1270.0	9.3	1190.0	1300.0	7.0
	TD	**1617.7**	1582.0	1.9	1620.6	1557.0	2.5	1648.7	1579.2	2.7	1691.6	**1539.3**	4.6	1642.6	1582.9	2.7
	FS	19.5	19	2.6	20.6	19.0	5.8	**18.3**	**17.0**	3.0	19.7	18.0	4.8	18.4	18.0	2.7
	CPU/s	512.0			521.3			252.0			1355.1			15.4		
R108	ST	**1290.0**	**1500.0**	7.3	1210.0	1300.0	8.6	1263.4	1280.0	4.0	1229.8	1420.0	4.8	1250.0	1350.0	6.2
	TD	**1296.2**	1238.0	3.0	1298.9	1214.0	3.1	1299.2	**1226.5**	5.6	1338.3	1237.2	4.0	1348.9	1249.0	6.1
	FS	15.3	**14.0**	4.2	15.3	**14.0**	4.2	15.9	**14.0**	4.5	16.1	16.0	1.2	15.6	**14.0**	3.1
	CPU/s	498.3			480.5			370.1			1702.8			30.7		

续表

算例名称	优化目标	MAS-LS			MAS			NSGA II			SPEA 2			VNS		
		平均值	最优值	变异系数/%	平均值	最优值	变异系数/%	平均值	最优值	变异系数/%	平均值	最优值	变异系数/%	平均值	最优值	变异系数/%
R203	ST	**2170.0**	**2500.0**	13.7	2170.0	2500.0	14.4	2040.0	2170.0	10.6	1948.1	2280.0	11.4	2160.0	2400.0	11.7
	TD	1357.2	1313.0	2.1	1342.8	1311.0	1.7	**1341.9**	1301.2	4.5	1378.4	1268.8	6.4	1385.4	**1222.1**	7.1
	FS	8.9	7	10.6	9.7	8.0	9.3	**8.2**	**7.0**	4.1	8.3	**7.0**	6.0	8.6	8.0	5.7
	CPU/s	560.4			533.2			1095.2			1623.5			41.1		
R208	ST	1980.0	2400.0	10.8	**2195.0**	**2400.0**	11.9	2053.6	**2400.0**	14.9	1810.7	2370.0	10.7	**2130.0**	2250.0	6.9
	TD	**947.3**	**891.0**	3.2	981.0	918.0	3.5	998.0	918.0	10.6	1128.1	953.8	7.4	1021.6	981.7	2.6
	FS	5.1	**4.0**	10.6	6.4	5.0	15.9	4.6	**4.0**	7.3	4.6	**4.0**	3.6	**4.0**	**4.0**	0.0
	CPU/s	444.2			618.4			1199.4			1824.0			59.2		
RC103	ST	1233.3	1400.0	5.4	1130.0	1200.0	4.1	1278.2	1410.0	7.2	1176.9	1590.0	4.9	**1360.0**	**1600.0**	10.5
	TD	**1749.4**	1655.0	3.1	1828.0	1793.0	1.4	1757.9	1659.0	2.4	1822.4	**1604.4**	7.2	1828.4	1788.0	2.2
	FS	17.3	16.0	4.7	19.0	18.0	3.3	15.7	**14.0**	3.3	16.5	15.0	4.1	**15.0**	15.0	0.0
	CPU/s	315.5			300.8			317.9			1740.3			24.8		
RC108	ST	1155.6	1400.0	8.3	1140.0	1300.0	7.0	**1309.4**	**1450.0**	11.1	1160.5	1410.0	6.5	1270.0	1350.0	4.7
	TD	**1440.7**	1380.0	3.3	1447.4	1395.0	1.6	1513.3	1420.6	3.0	1578.9	1453.0	8.0	1536.1	**1371.3**	5.9
	FS	**13.5**	**13.0**	5.1	13.5	**13.0**	5.0	14.3	**13.0**	3.5	16.1	14.0	5.5	14.3	14.0	3.2
	CPU/s	471.6			390.8			350.0			3041.3			31.6		
RC203	ST	**1988.9**	2200.0	7.7	1970.0	2400.0	14.5	1980.8	2152.0	4.0	1827.1	2350.0	11.3	1985.0	2350.0	13.1
	TD	**1496.3**	**1402.0**	2.7	1521.0	1420.0	4.1	1550.7	1433.4	4.9	1501.2	1407.3	8.8	1549.3	1442.5	4.4
	FS	9.1	8.0	9.6	9.1	**7.0**	11.5	9.1	9.0	1.0	8.8	8.0	6.0	**8.5**	8.0	0.0
	CPU/s	369.4			387.4			603.4			2596.1			44.1		
RC208	ST	1966.7	2200.0	9.6	2266.7	2500.0	13.6	**2089.8**	**2380.0**	0.1	1853.0	2110.0	11.8	1860.0	2100.0	6.5
	TD	**1192.4**	1092.0	2.6	1220.9	1092.0	4.8	1246.8	1153.8	5.0	1210.9	**1080.3**	12.3	1211.9	1122.2	3.1
	FS	**5.1**	**4.0**	14.4	5.7	**4.0**	14.4	**5.1**	**4.0**	3.1	5.4	**4.0**	6.1	5.1	5.0	5.9
	CPU/s	480.0			573.5			687.2			2803.0			74.6		

注：加黑字体表示性能最佳。

A.4 无人机集群控制模型和路径规划结果

A.4.1 控制模型性能试验分析结果

图 A.1、图 A.2 给出了在本节的仿真实验中各个控制模型控制下的自组织无人机集群航迹规划结果。

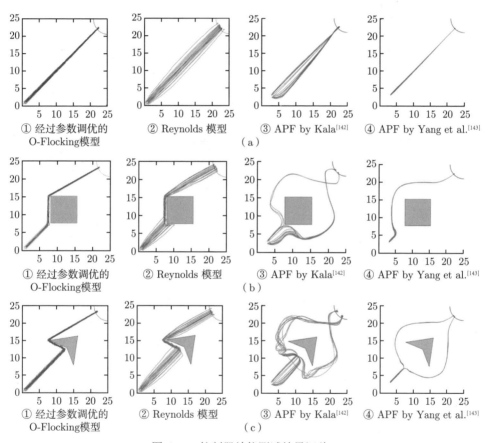

图 A.1 控制器效能测试结果汇总 1

（a）目标定向场景结果；（b）凸障碍场景结果；（c）凹障碍场景结果

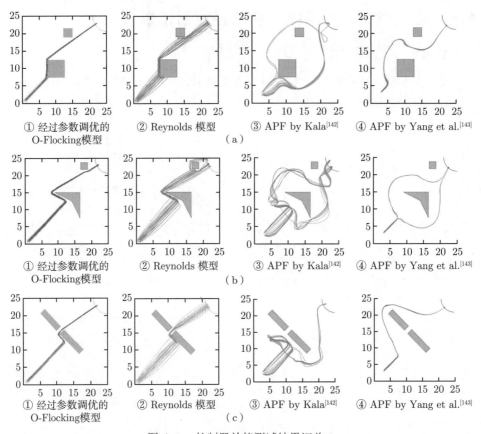

图 A.2   控制器效能测试结果汇总 2

（a）多凸障碍场景结果；（b）凹凸混合障碍场景结果；（c）通道障碍场景结果

A.4.2   路径规划详细结果

本节分别展示串行和并行两种场景下的路径规划详细结果。

图 A.3 展示了经过参数优化后的无人机集群控制模型在串行任务场景下的路径规划结果。从路径规划结果可以看出，经过参数调优后的无人机集群能够在任务执行的过程中维持更密集的队形，同时其避障性能更好，且规划后总飞行时间消耗也更低。

图 A.4 展示了存在并行任务的场景中该方法的路径规划表现。从图 A.4 可得出结论：在时间窗重叠较多时，特别是图 A.4（c）所示情况，未经参数调优的经典方案已无法很好地满足队形保持和路径规划的要求，而经过参数调优后的模型仍能够很好地维持队形，且无人机个体能够在多个具有重叠时间窗的任务间做出自主选择。因此可以得出结论：该模型相比于经典模型，在空基资源任务规划问题中表现出更好的控制性能。

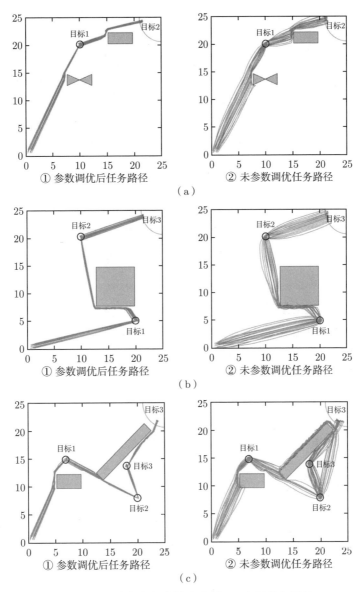

图 A.3　空基任务规划仿真实例 1：串行任务场景

（a）多任务路径规划场景 1:2 任务；（b）多任务路径规划场景 2:3 任务场景；（c）多任务路径规划场景 3:5 任务场景

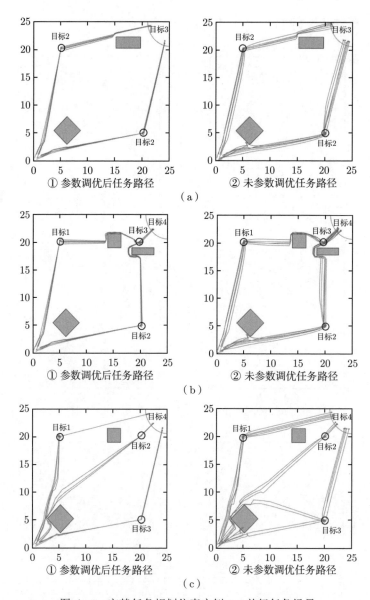

图 A.4　空基任务规划仿真实例 2：并行任务场景

（a）多任务路径规划场景 4:3 任务并行场景；（b）多任务路径规划场景 5:4 任务场景 1；（c）多任务路径规划
场景 6:4 任务场景 2

附录B

缩写词列表

缩写词	全称	含义
A3C	asynchronous advantage actor critic	异步优势演员-评论家
ACG	artificial chromosome generator	人工染色体生成器
AMAS4Opt	adaptive multiagent system for optimization	自适应多智能体优化系统
APF	artificial potential field	人工势力场
APSI	advanced planning and scheduling initiative	先进规划和调度方案系统
ASPEN	automated scheduling and planning environment	自动调度和规划系统
BGA	binary genetic algorithm	二进制遗传法
CASPER	continuous activity scheduling planning execution and replanning	连续活动调度、规划、执行和重规划
C-NEAT	neuro-evolution of augmenting topologies	基于合作机制的增强拓扑神经进化
COAC	continuous orthogonal ant colony	连续优化蚂蚁系统
CS	convex shape	凸障碍
CSP	constraint satisfaction problem	约束满足问题
DDC	dynamic diversity control	动态多样性控制方法
DDQN	double deep Q network	双重深度 Q 学习网络
DLHS	local-best harmony search with dynamic subpopulation	具有动态子种群的局部最优和声搜索
DNN	deep neural networks	深度神经网络
DQN	deep Q networks	深度 Q 网络
DRL	deep reinforcement learning	深度增强学习
EA	evolutionary algorithm	进化算法
EAS	elitist ant system	精英蚂蚁系统
EO-1	earth observation 1	地球观测-1
ER	evolutionary robots	基于进化的机器人
ESA	European Space Agency	欧洲航天局
FIFO	first-in-first-out	先进先出规则
FIPS	fully informed particle swarm	全信息粒子群
FSA	fast simulated annealing	快速模拟退火

续表

缩写词	全称	含义
FSCABC	fitness-scaled chaotic artificial bee colony	适应性归一化混沌人工蜂群算法
GAN	graph attention networks	图注意力网络
GCN	graph convolutional networks	图卷积网络
GCPSO	guaranteed convergence partical swarm optimization	收敛保障粒子群
G-DDQN	graph-based double deep q network	基于图神经网络的双重 Q 学习网络
GHS	global-best harmony search	全局最优和声搜索
GNN	graph neural networks	图神经网络
GRU	gated recurrent unit	门控循环单元
HDMGA	hybrid dynamic mutation genetic algorithm	混合动态变异遗传算法
HPSO	hybrid particle swarm optimization	混合粒子群
HS	harmony search	和声搜索
HV	hyper volume	超体积
HVA	hyper volume anlysis	超体积分析
IACO	improved ant colony optimization	改进蚁群算法
ICA	imperialist competitive algorithm	帝国竞争算法
INRC	Italian National Research Council	意大利国立研究中心
ISPEA2	improved strength Pareto evolutionary algorithm-2	基于改进 SPEA2 的多目标优化算法
LIFO	last-in-first-out	后进先出规则
LPT	longest-processing-time	加工时间最长
MA	multi-agent	多智能体
MAS-LS	multi-ant system and local search	带邻域搜索的多蚁群系统
MMAS	max-min ant systems	最大-最小蚁群算法
MOEA/D	multi-objectiveevolutionary algorithm based on decomposition	基于分解的多目标进化算法
MOSA-ACO	multi-objective simulation annealing ant colony optimization	多目标模拟退火蚁群优化
MS	multi-square	多障碍
mTSP	multi-travelling salesman problem	多旅行商问题
NASA	National Aeronautics and Space Administration	美国国家航空航天局
NMP	new millennium program	新千年计划
NSGA Ⅱ	non-dominated sorting genetic algorithm-Ⅱ	第二代非支配排序遗传算法
NSGA Ⅲ	non-dominated sorting genetic algorithm-Ⅲ	第三代非支配排序遗传算法
OGC	Open Geospatial Consortium	开放地理空间信息联盟
PDPTW	pick-up and delivery problem with time windows	带时间窗的装卸货问题
PFSMD	probabilistic finite state machine design	概率有限状态机模型
RAS	rank-based ant system	基于排序的蚂蚁系统
RL	reinforcement learning methods	强化学习方法
SA	simulated annealing	模拟退火
SC	square and convex	凹凸组合障碍
SFLA	shuffled frog leaping algorithm	蛙跳算法
SOTA	state-of-the-art	本领域最先进
SPEA2	strength Pareto evolutionary algorithm-2	强化帕累托进化算法第二代

续表

缩写词	全称	含义
SPT	shortest-processing-time	加工时间最短规则
SS	square shape	非凸障碍
SWE	sensorweb enablement	多平台传感器网络整合框架
TN	tunnel	通道障碍
TO	target orientation	目标定向
TSP	travelling salesman problem	旅行商问题
TWIH	time window insertion heuristics	时间窗插入启发式
UAV	unmanned aerial vehicle	无人驾驶飞行器
VGVO	virtual group velocity obstacle	虚拟群组障碍速度
VNS	variable neighbor search	变邻域搜索
VO	velocity obstacle	障碍速度
VRP	vehicle routing problem	车辆路径问题